Bergkümmel im Wallistal

Rita und Frank Lüder

Doldenblütler

von Pastinakengemüse bis Schierlingsbecher

Essbare Doldengewächse und ihre Verwechslungsmöglichkeiten

Kreativpinsel

Dr. Rita und Frank Lüder
An den Teichen 5
31535 Neustadt a. Rbge
www.kreativpinsel.de

Die Autoren haben alle Angaben sorgfältig geprüft und nach bestem Wissen und Gewissen notiert. Fehlermeldungen und Verbesserungsvorschläge werden dankbar entgegengenommen. Was die Angaben zum Genusswert der Pflanzen betrifft, liegen persönliche Unverträglichkeiten und Überdosierungen in der Verantwortung des Lesers. Der Verlag und die Autoren übernehmen keine Haftung für schädliche Folgen, die sich aus dem Gebrauch oder Missbrauch der hier aufgeführten Informationen ergeben.

Zeichnungen: Rita Lüder
Fotos: Rita und Frank Lüder
Nr. 1 Seite 86: Margitta Paprotka-Kühne

Bibliografische Information der Deutschen Bibliothek
Die Deutsche Bibliothek verzeichnet diese Publikation in der Deutschen Nationalbibliografie; detaillierte bibliografische Angaben sind im Internet über www.d-nb.de abrufbar.

4. Auflage 2023

ISBN 978-3-9814612-5-1
Druck und Bindung: mediaprint solutions, Paderborn

Inhaltsverzeichnis

Meisterwurz
Peucedanum ostruthium

Vorwort

Immer mehr Menschen möchten sich gesund und natürlich ernähren – Wildkräuter sind voll im Trend. Doch bei keiner anderen Pflanzenfamilie herrscht so viel Unsicherheit, die leckeren und heilsamen von den tödlich giftigen zu unterscheiden. So ist dieses Buch vor allem aus dem Wunsch entstanden, den Menschen, die sich für diese Arten interessieren, praktische Anleitung und Kenntnisse an die Hand zu geben. Da viele Arten auf den ersten Blick sehr ähnlich aussehen, geht es dabei auch um sehr feine Merkmale, für die eine gute Lupe hilfreich ist. Dies bietet gleichzeitig die Möglichkeit, die Natur mit neuen Augen wahrzunehmen und Altbekanntes neu zu erkunden und entdecken.

Merkmale wie ein intensiver Duft oder das Spüren von feinen oder borstigen Haaren sind mit einem Buch natürlich nur bedingt vermittelbar. Dies sind Erfahrungen, die sich bei der Beschäftigung mit dem Thema nach und nach einstellen. Doch auch dann gibt es Grenzen der sicheren Erkennung. In einem fremden Gebiet ein unbekanntes Doldengewächs mit mehrfach gefiederten Blättern nur anhand der Blattrosette erkennen zu wollen ist auch nach Jahren intensiver Beschäftigung unmöglich. Nimm dir also nicht zu viel vor und sei dir bewusst, dass es immer Grenzen geben wird. Auch mit diesem Buch wird es dir nicht möglich sein, jedes Doldengewächs zu jeder Jahreszeit sicher anzusprechen. Hier heißt es abzuwarten, bis Blüten oder Früchte zu erkennen sind. Nur absolut sicher erkannte Pflanzen können für Speise- oder Heilzwecke verwendet werden!

Viel Spaß beim Entdecken und Staunen in der Natur wünschen

Rita und Frank Lüder

Doldenblütler

– eine vielseitige Familie

Weltweit gibt es über 440 Gattungen und 35740 Arten von Doldenblütlern (Apiaceae). In der älteren wissenschaftlichen Literatur werden sie auch Umbelliferae (Schirmträger) genannt. Die meisten von ihnen sind außerhalb der Tropen verbreitet und die in den tropischen Regionen beheimateten Arten gedeihen vor allem in den kühleren Bergregionen. Überwiegend sind es krautige Pflanzen, im Mittelmeergebiet gibt es auch zahlreiche Ackerwildkräuter. In Mitteleuropa heimisch sind ca. 50 Gattungen mit über 100 Arten. Sie sind vor allem auf Wiesen und an Wegrändern sowohl im feuchten als auch im trockenen Bereich verbreitet. Einige Arten, wie z.B. **Sanikel** (s. S. 90) oder **Wald-Engelwurz** (s. S. 34), gedeihen auch in Wäldern.

Bergregionen: **Berg-Laserkraut**

Waldgebiete auf Kalk: **Sanikel**

Ackerwildkraut: **Hundspetersilie**

Uferbereich: **Wasserschierling**

Bachläufe: **Aufrechter Merk**

Ufer und Küsten: **Echte Engelwurz**

Unter den Doldenblütlern gibt es viele **Nutzpflanzen** wie z.B. **Sellerie, Möhre, Dill, Kümmel, Anis, Petersilie** und **Fenchel**. Ihren aromatischen Geruch verdanken diese Kräuter oder Stauden den **ätherischen Ölen**. Die Gewürz- oder Heilpflanzen enthalten besonders viel davon. Allerdings gibt es auch tödlich giftige Arten unter ihnen wie beispielsweise den **Wasser-** (s. S. 52) und den **Gefleckten Schierling** (s. S. 54). Der „Schierlingsbecher" war ein Hinrichtungsmittel, mit dem Sokrates (469-399 v. Chr.) im antiken Griechenland zum Schweigen gebracht wurde.

Das Erkennen der Doldenblütler ist durch die charakteristischen Blütenstände meist einfach. Die richtige Zuordnung zu den Gattungen und Arten ist dagegen schon schwieriger und oft nur anhand der reifen Früchte sicher möglich. Da sich die Blätter vieler Arten sehr ähnlich sehen, ist beim Sammeln für Küchen- und Heilzwecke äußerste Vorsicht angeraten!

Gestalt

Die Blätter stehen stets wechselständig am Stängel. Meist gibt es neben Grundblättern, die am Erdboden bzw. der Stängelbasis entspringen auch Stängelblätter, die weiter oberhalb am Stängel stehen. Der Stängel ist oft hohl. Er kann kantig, rund, gerillt, behaart, borstig, glatt oder bereift sein. Einige Arten haben auffällig verdickte Knoten.

Die Größenangaben sind durchschnittliche Richtwerte. Je nach den Bedingungen am entsprechenden Standort können diese teilweise stark abweichen.

Große Exemplare von **Echter Engelwurz** und **Geflecktem Schierling** (rechts)

Blühender **Wiesen-Bärenklau** im Zwergenwuchs und in stattlicher Größe

Blätter

Die Blätter sind meist aus vielen kleinen Blattabschnitten zusammengesetzt (mehrfach gefiedert). Seltener sind sie ungeteilt oder nur einfach gefiedert. Um sich in dem stark gefiederten Blattwerk zurechtzufinden, hat der Mensch ein Schema entwickelt, die Blätter beschreiben zu können. So spricht man bei der Fiederung wiederum von "Ordnungen", d.h., wie stark ein Blatt verzweigt ist. Dabei geht man von einem einfach gefiederten Blatt aus, dies entspricht einer Fieder 1. Ordnung. Ist diese Seitenfieder wiederum verzweigt, wird diese als Fieder 2. Ordnung bezeichnet. Auch diese kann wiederum verzweigt sein, was dann als Fieder 3. Ordnung bezeichnet wird. So können Blätter von Doldengewächsen bis zu 4-5-fach gefiedert sein. Kriterium für eine "neue Ordnung" ist, dass die Abschnitte bis auf den Mittelnerv (Rhachis) getrennt sind. Dies ist bei der letzten Fiederung oft nur undeutlich zu erkennen, so dass diese dann als 3-4-fach bzw. 4-5-fach gefiedert bezeichnet werden. Da die Grund- und unteren Stängelblätter in der Regel am vollständigsten entwickelt sind, werden diese für die Bestimmung herangezogen. Daher ist es wichtig, nicht nur die oberen Stängelblätter zu betrachten.

Hier ist schematisch (rechts) und an einem 3-4-fach gefiederten Blatt des **Gefleckten Schierlings** (unten) die Anzahl der Fiedern (Ordnungen) dargestellt.

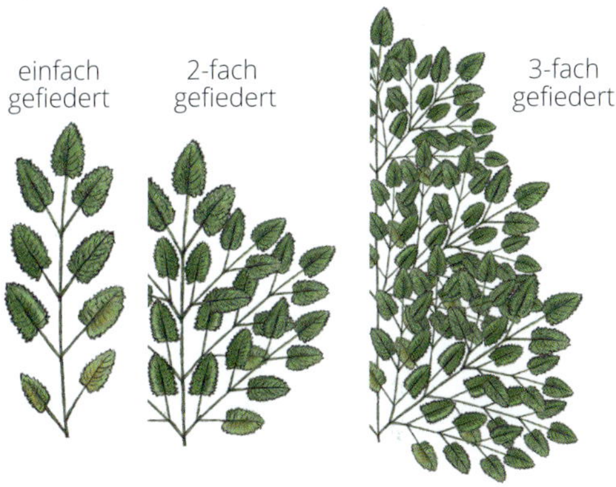

Grund- und Stängelblätter von **Giersch** und **Kleiner Bibernelle** (rechts)

Da viele Doldengewächse über stark verzweigte, riesige Blätter verfügen, ist es für den Einsteiger oft gar nicht so leicht, sich erst einmal damit vertraut zu machen, was denn überhaupt zu einem Blatt gehört und wo dieses beginnt. Um dies zu erkennen ist es hilfreich zu wissen, dass Blätter stets am Knoten der Stängel gebildet werden – oder wie beim Giersch einer unterirdischen Sprossachse entspringen. In ihren Blattachseln wachsen ggf. die Seitentriebe heran. Für die Bestimmung ist es ratsam, die am weitesten am unteren Ende des Stängels wachsenden Blätter (Grundblätter) anzuschauen.

Weiterhin ist es wichtig, den Stängel nicht mit dem Blattstiel zu verwechseln! Beim Giersch beispielsweise ist das typische Merkmal, die dreikantigen Blattstiele am runden Stängel nicht zu entdecken.

Bei den meisten Arten gibt es eine auffällige Blattscheide, sie dient als Knospenschutz. Es gibt keine Nebenblätter. Die Blätter vieler Doldengewächse sehen sich zum Verwechseln ähnlich. Bei einigen Arten ist es mit etwas Übung möglich, diese auch anhand ihrer Blätter sicher zuzuordnen. Bei anderen ist dies unmöglich und es bedarf zusätzlicher Merkmale. Doch auch bei den Arten, die sich anhand der Blätter erkennen lassen, sind dies meist Merkmale, die sich nicht mit exakten Begriffen beschreiben lassen. Für die Bestimmung sind daher weitere Pflanzenteile wichtig.

Blüte

Die Blütenstände dieser Pflanzenfamilie sind Dolden, bei denen alle Einzelblüten einem Punkt entspringen. Bei den sog. Doppeldolden zweigen wiederum von einem Punkt ausgehend weitere „Döldchen“ ab. Beim Vergleich beispielsweise mit den Scheindolden von Holunder oder Schafgarbe zeigt sich, dass diese sehr unregelmäßig verzweigt sind.

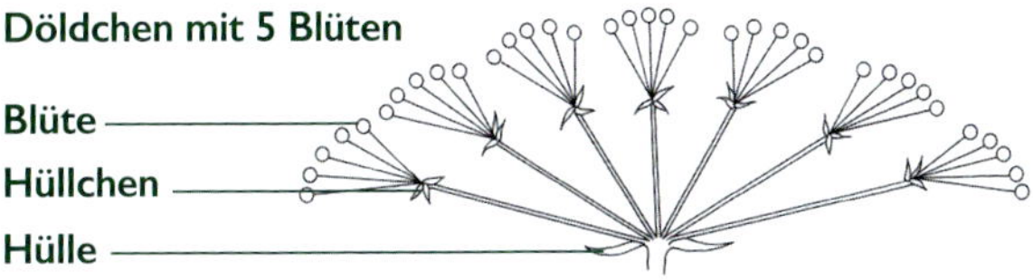

Schema einer 7-strahligen **Doppeldolde** (zusammengesetzte Dolde) mit 5-strahligen Döldchen

Die Blütenfarbe ist überwiegend weiß, seltener gelb oder rosa bis violett. Stehen am Grunde einer Dolde Tragblätter, dann werden diese als Hülle bezeichnet. Bei den Doppeldolden zweigen wiederum von einem Punkt ausgehend weitere „Döldchen“ ab. Auch bei ihnen können Tragblätter am Grunde stehen, diese werden entsprechend als „Hüllchen“ bezeichnet. Die Blätter von Hülle und Hüllchen können sehr unterschiedlich gestaltet sein oder ganz fehlen. Ihr Rand kann behaart oder kahl sein. So liefern sie wichtige Merkmale für die Bestimmung der einzelnen Arten. Die Wilde Möhre ist beispielsweise durch ihre gefiederte Hülle (das „Spitzendeckchen“) gut zu erkennen.

Wilde Möhre: gefiederte Hülle "Spitzendeckchen"

Riesen-Bärenklau: vielstrahlige Doppeldolde

Die einzelnen **5-zähligen Blüten** sind recht einheitlich aufgebaut. Ihre Gestalt entspricht einer flachen Schüssel, an der Fliegen, Käfer und andere Insekten leicht an den Nektar gelangen. Um die Attraktivität für die Bestäuber zu erhöhen, sind die Randblüten bei einigen Arten vergrößert. Die 5 Blütenblätter sind frei, sie können tief ausgerandet (eingebuchtet) oder behaart sein. Der **Kelch** ist überwiegend unscheinbar und oft kaum zu erkennen. Die 5 Staubblätter stehen zwischen den Kronblättern.

Der **Fruchtknoten** setzt sich aus zwei verwachsenen Fruchtblättern zusammen. Zur Reifezeit trennen sich diese wieder voneinander. Auf ihm befindet sich der sog. **Diskus** (Griffelpolster), er sondert den Nektar als Nahrung für die Bestäuber ab. Er befindet sich auf dem Fruchtknoten und trägt die beiden **Griffel**. Daher kann er leicht mit einem oberständigen Fruchtknoten verwechselt werden. Beim Betrachten der Blüten von unten wird deutlich, dass der Fruchtknoten stets unterständig ist.

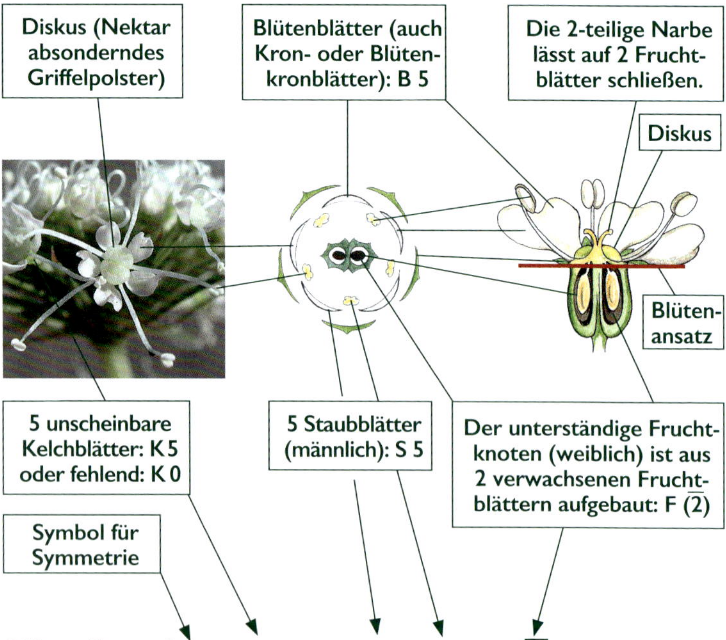

Blütenformel *** K5 oder K0 B5 S5 F$(\overline{2})$**

* Kelchblätter 5 oder fehlend Kronblätter 5 Staubblätter 5 Fruchtblätter $(\overline{2})$

Frucht

Die Frucht ist typisch zweiteilig (Spaltfrucht), sie wird auch als Doppelachäne bezeichnet, da jeder der beiden Teile eine nussähnliche Schließfrucht (Achäne) darstellt. Die beiden **Teilfrüchte** lösen sich zur Reifezeit voneinander und bleiben an einem zwischen ihnen befindlichen Fruchtträger hängen. Da die Samenschale mit der Wand des Fruchtknotens verwachsen ist, ist diese nicht leicht als „Nuss" zu erkennen. Jede der beiden Teilfrüchte trägt üblicherweise 5 Längs- bzw. Hauptrippen. Diese Rippen können für die Ausbreitung durch den Wind auch geflügelt sein. Bei manchen Arten ist die Frucht mit Haaren, Borsten oder Haken versehen. Dadurch ist die Frucht charakteristisch für die einzelnen Arten und für die Bestimmung sehr wichtig. Ist die Frucht im oberen Teil in einen mehr oder weniger langen Fortsatz ausgezogen, so wird dies „geschnäbelt" genannt und der Fortsatz als „Schnabel" bezeichnet.

Bärwurz:
reife Spaltfrüchte

Venuskamm:
geschnäbelte Früchte

Wilde Möhre:
borstige Früchte

Wiesen-Bärenklau:
abgeflachte Früchte

Apulischer Zirmet:
gekerbte Randrippen

Bergkümmel:
geflügelte Rippen

Artportraits

Auf den folgenden Seiten werden zunächst tabellarisch und danach in der gleichen Reihenfolge ca. 80 der in Mitteleuropa vorkommenden Arten vorgestellt.

Zur Benutzung der Tabellen siehe Seite 24.

Große Sterndolde
Astrantia major

Name	Seite	Größe bis 50 cm	50 bis 100 cm	Größe über 150 cm	Blätter ungeteilt	Blätter einfach gefiedert	Blätter mehrfach gefiedert	Blätter handförmig	Blätter 3-zählig	"Kümmelkreuz"	Blätter haarfein	Blattfiedern groß	Dolde kopfig oder einfach	Blüten grün oder gelblich	Blüten weißlich bis rosa
Aegopodium podagraria Giersch	26		■				■		■			■			■
Aethusa cynapium Hundspetersilie	28	■	■				■								■
Ammi majus Knorpelmöhre	30	■	■			■	■		■			■			■
Anethum graveolens Dill	31		■				■				■			■	
Angelica archangelica Echte Engelwurz	32		■	■			■					■		■	
Angelica palustris Sumpf-Engelwurz	(35)		■	■			■					■			■
Angelica sylvestris Wald-Engelwurz	34		■	■			■					■			■
Anthriscus cerefolium Garten-Kerbel	(38)	■	■				■								■
Anthriscus nitidus Glänzender Kerbel	(38)		■				■								■
Anthriscus sylvestris Wiesen-Kerbel	36		■				■								■
Apium graveolens Sellerie	39	■	■			■						■			■
Apium nodiflorum Knotenbl. Scheiberich	(39)	■	■			■						■			■
Apium repens Kriechender Scheiberich	(39)	■				■						■			■
Astrantia major Große Sterndolde	40	■	■					■				■	■		■
Astrantia minor Kleine Sterndolde	41	■						■					■		■

Name	Früchte kahl	Früchte borstig / behaart	Früchte länglich	Hülle vorhanden	Hüllchen vorhanden	Hülle gefiedert	Duft aromatisch	Duft unangenehm	Besonderheit
Aegopodium podagraria Giersch	■						■		Ausläufer bildend
Aethusa cynapium Hundspetersilie	■				■			■	Hüllchen einseitig ausgerichtet
Ammi majus Knorpelmöhre	■			■	■	■			Pflanze blaugrün
Anethum graveolens Dill	■						■		Blattscheiden geöhrt
Angelica archangelica Echte Engelwurz	■				■		■		Blattstiel rund und hohl, Stängel ± glatt und bereift
Angelica palustris Sumpf-Engelwurz	■				■		■		Stängel kantig
Angelica sylvestris Wald-Engelwurz	■				■		■		Blattstiel mit Rinne
Anthriscus cerefolium Garten-Kerbel	■		■		■		■		Dolden bis 6-strahlig
Anthriscus nitidus Glänzender Kerbel	■		■		■				Blätter unterseits stark glänzend
Anthriscus sylvestris Wiesen-Kerbel	■		■		■				Stängel gerieft
Apium graveolens Sellerie	■						■		Stängel kantig gefurcht
Apium nodiflorum Knotenbl. Scheiberich	■				■		■		Wasserpflanze
Apium repens Kriechender Scheiberich	■			■	■		■		Stängel niederliegend und wurzelnd
Astrantia major Große Sterndolde		■	■	■					Sternförmige Hülle
Astrantia minor Kleine Sterndolde		■	■	■					Sternförmige Hülle

Name	Seite	Größe bis 50 cm	50 bis 100 cm	Größe über 150 cm	Blätter ungeteilt	Blätter einfach gefiedert	Blätter mehrfach gefiedert	Blätter handförmig	Blätter 3-zählig	"Kümmelkreuz"	Blätter haarfein	Blattfiedern groß	Dolde kopfig oder einfach	Blüten grün oder gelblich	Blüten weißlich bis rosa
Berula erecta Aufrechter Merk	42	■	■			■						■			■
Bunium bulbocastanum Erdkastanie	(117)	■	■				■								■
Bupleurum falcatum Sichel-Hasenohr	44	■	■		■									■	
Bupleurum longifolium Langblättriges Hasenohr	(45)	■	■		■									■	
Bupleurum ranunculoides Hahnenfuß-Hasenohr	(45)	■			■									■	
Bupleurum rotundifolium Rundbl. Hasenohr	(45)	■			■									■	
Bupleurum stellatum Sternblütiges Hasenohr	(45)	■			■									■	
Carum carvi Wiesen-Kümmel	46		■				■			■	■				■
Chaerophyllum aromatic. Gewürz-Kälberkropf	(51)		■				■					■			■
Chaerophyllum aureum Gold-Kälberkropf	48		■				■								■
Chaerophyllum bulbosum Rüben-Kälberkropf	49		■	■			■								■
Chaerophyllum hirsutum Behaarter Kälberkropf	(51)		■				■								■
Chaerophyllum temulum Taumel-Kälberkropf	50	■	■				■								■
Chaerophyllum villarsii Gebirgs-Kälberkropf	(51)	■	■				■								■
Cicuta virosa Wasserschierling	52	■	■				■								■

Name	Früchte kahl	Früchte borstig / behaart	Früchte länglich	Hülle vorhanden	Hüllchen vorhanden	Hülle gefiedert	Duft aromatisch	Duft unangenehm	Besonderheit
Berula erecta Aufrechter Merk	■			■	■	■	■		Unteres Fiederpaar abgerückt oder Ringzone
Bunium bulbocastanum Erdkastanie	■		■	■	■		■		Rübenartige Knolle
Bupleurum falcatum Sichel-Hasenohr	■			■	■				Parallel verlaufende Blattadern
Bupleurum longifolium Langblättriges Hasenohr	■			■	■				Stängelumfassende Blätter
Bupleurum ranunculoides Hahnenfuß-Hasenohr	■			■	■				Blaugrüne, kahle Blätter
Bupleurum rotundifolium Rundbl. Hasenohr	■				■				Obere Blätter vom Stängel durchwachsen
Bupleurum stellatum Sternblütiges Hasenohr	■			■	■				Hüllchenblätter verwachsen
Carum carvi Wiesen-Kümmel	■		■				■		Blüten oft rötlich
Chaerophyllum aromatic. Gewürz-Kälberkropf	■		■		■		■		Stängel borstig behaart
Chaerophyllum aureum Gold-Kälberkropf	■		■		■		■		"Zitrusduft"
Chaerophyllum bulbosum Rüben-Kälberkropf	■		■		■				Borstiger Stängel unter den Knoten verdickt
Chaerophyllum hirsutum Behaarter Kälberkropf	■		■		■				Blütenblätter und Hüllchen behaart
Chaerophyllum temulum Taumel-Kälberkropf	■		■		■				Hüllchen behaart
Chaerophyllum villarsii Gebirgs-Kälberkropf	■		■		■				Blütenblätter, Blattstiel und Hüllchen behaart
Cicuta virosa Wasserschierling	■				■		■		Wurzel gekammert, sichelförmige Blätter

Name	Seite	Größe bis 50 cm	50 bis 100 cm	Größe über 150 cm	Blätter ungeteilt	Blätter einfach gefiedert	Blätter mehrfach gefiedert	Blätter handförmig	Blätter 3-zählig	"Kümmelkreuz"	Blätter haarfein	Blattfiedern groß	Dolde kopfig oder einfach	Blüten grün oder gelblich	Blüten weißlich bis rosa
Conium maculatum Gefleckter Schierling	54		■	■			■								■
Coriandrum sativum Koriander	56	■	■			(■)	■				(■)				■
Daucus carota Wilde Möhre	58	■	■				■								■
Daucus carota ssp. sativus Karotte	57	■	■				■								■
Eryngium alpinum Alpen-Mannstreu	(61)	■	■		■								■	(■)	(■)
Eryngium campestre Feld-Mannstreu	60	■	(■)				(■)						■	(■)	(■)
Eryngium giganteum Riesen-Mannstreu	(61)		■	■	(■)			(■)					■		(■)
Eryngium maritimum Strand-Mannstreu	(61)	■	(■)		(■)			■					■	(■)	(■)
Eryngium planum Flachbl. Mannstreu	(61)	■	(■)		■								■	(■)	(■)
Falcaria vulgaris Sichelmöhre	62	■	■			■	■		(■)						■
Foeniculum vulgare Fenchel	63		■				■				■			■	
Heracleum mantega. Riesen-Bärenklau	64			■	(■)	(■)		■				■			■
Heracleum sphondylium Wiesen-Bärenklau	66		■	(■)		■	(■)					■			■
Laser trilobum Rosskümmel	68		■				■		(■)			■			■
Laserpitium archangelica Engelwurz-Laserkraut	(71)		■	(■)			■		(■)			■			■

Name	Früchte kahl	Früchte borstig / behaart	Früchte länglich	Hülle vorhanden	Hüllchen vorhanden	Hülle gefiedert	Duft aromatisch	Duft unangenehm	Besonderheit
Conium maculatum Gefleckter Schierling	■			■	■			■	Rotgefleckter, bereifter Stängel kahl
Coriandrum sativum Koriander	■				■		(■)	(■)	Obere und ältere Blätter feiner gefiedert
Daucus carota Wilde Möhre		■		■	■	■	■		Dolde vor und nach der Blüte nestartig
Daucus carota ssp. sativus Karotte		■		■	■	■	■		Dolde vor und nach der Blüte nestartig
Eryngium alpinum Alpen-Mannstreu		■		■		(■)			Distelartige Pflanze
Eryngium campestre Feld-Mannstreu		■		■		(■)			Distelartige Pflanze
Eryngium giganteum Riesen-Mannstreu		■		■		(■)			Distelartige Pflanze
Eryngium maritimum Strand-Mannstreu		■		■		(■)			Distelartige Pflanze
Eryngium planum Flachbl. Mannstreu		■		■		(■)			Distelartige Pflanze
Falcaria vulgaris Sichelmöhre	■		■	■	■				Bandförmige, scharf gesägte Blätter
Foeniculum vulgare Fenchel	■		(■)				■		Bläulich bereifte Pflanze
Heracleum mantega. Riesen-Bärenklau		■			■				Blätter kahl
Heracleum sphondylium Wiesen-Bärenklau	■	(■)			■				Blätter, Blattstiel und Stängel borstig
Laser trilobum Rosskümmel	(■)						■		Starker Kümmelgeruch, gerippte Früchte
Laserpitium archangelica Engelwurz-Laserkraut	(■)			■	■				Früchte mit geflügelten Rippen

Name	Seite	Größe bis 50 cm	50 bis 100 cm	Größe über 150 cm	Blätter ungeteilt	Blätter einfach gefiedert	Blätter mehrfach gefiedert	Blätter handförmig	Blätter 3-zählig	"Kümmelkreuz"	Blätter haarfein	Blattfiedern groß	Dolde kopfig oder einfach	Blüten grün oder gelblich	Blüten weißlich bis rosa
Laserpitium gaudinii Gaudins Laserkraut	(71)	■	■				■		▪			■		■	
Laserpitium halleri Hallers Laserkraut	(71)	■	▪				■								■
Laserpitium latifolium Breitbl. Laserkraut	69	▪	■				■					■			■
Laserpitium peucedanoides Haarstrang-Laserkraut	(71)	■	■				■								■
Laserpitium prutenicum Preußisch. Laserkraut	(71)	▪	■				■								■
Laserpitium siler Berg-Laserkraut	70	▪	■				■								■
Levisticum officinale Liebstöckel	72			■			■					■		■	
Ligusticum mutellina Alpen-Mutterwurz	73	■					■			■	▪				■
Ligusticum mutellinoides Kleine Mutterwurz	(73)	■					■				▪				■
Meum athamanticum Bärwurz	74	■	▪				■			▪	■				■
Myrrhis odorata Süßdolde	76	■					■								■
Oenanthe aquatica Wasserfenchel	(77)	■	■				■				▪				■
Oenanthe fistulosa Röhrige Pferdesaat	(77)	■	▪			■	▪				■				■
Oenanthe silaifolia Silau-Pferdesaat	(77)	■	▪				■				▪				■
Orlaya grandiflora Großbl. Breitsame	(97)	■	▪				■								■

Name	Früchte kahl	Früchte borstig / behaart	Früchte länglich	Hülle vorhanden	Hüllchen vorhanden	Hülle gefiedert	Duft aromatisch	Duft unangenehm	Besonderheit
Laserpitium gaudinii Gaudins Laserkraut	(■)			(■)	■				Früchte geflügelt, 3-teilige Endfiedern
Laserpitium halleri Hallers Laserkraut	(■)			■	■				Blattzipfel, Hülle und Hüllchen behaart
Laserpitium latifolium Breitbl. Laserkraut	(■)			■	■				Faserschopf, Endfiedern nicht 3-teilig
Laserpitium peucedanoides Haarstrang-Laserkraut	(■)			■	■				Früchte geflügelt
Laserpitium prutenicum Preußisch. Laserkraut		■		■	■				Früchte geflügelt
Laserpitium siler Berg-Laserkraut	(■)			■	■			■	Früchte geflügelt, Faserschopf
Levisticum officinale Liebstöckel	■		(■)	■	■		■		Rhombische Fiederblätter
Ligusticum mutellina Alpen-Mutterwurz	■				■		■		Blätter grundständig, Faserschopf
Ligusticum mutellinoides Kleine Mutterwurz	(■)			■	■	(■)			Bis 15 cm groß, ohne Faserschopf
Meum athamanticum Bärwurz	■			(■)	■		■		Faserschopf am Blattgrund
Myrrhis odorata Süßdolde	■		■		■		■		Duft und Geschmack an Lakritze erinnernd
Oenanthe aquatica Wasserfenchel	■		(■)		■				Wasserform mit haarförmigen Blättern
Oenanthe fistulosa Röhrige Pferdesaat	■				■				Stängel und Blattstiele röhrig, Wurzeln knollig
Oenanthe silaifolia Silau-Pferdesaat	■				■				Längliche Wurzelknollen
Orlaya grandiflora Großbl. Breitsame		■		■	■				Randliche Kronblätter vergrößert

Name	Seite	Größe bis 50 cm	50 bis 100 cm	Größe über 150 cm	Blätter ungeteilt	Blätter einfach gefiedert	Blätter mehrfach gefiedert	Blätter handförmig	Blätter 3-zählig	"Kümmelkreuz"	Blätter haarfein	Blattfiedern groß	Dolde kopfig oder einfach	Blüten grün oder gelblich	Blüten weißlich bis rosa
Pastinaca sativa Pastinak	78	(■)	■			■						■		■	
Petroselinum crispum Petersilie	80	■	■				■							■	
Peucedanum alsaticum Elsässer Haarstrang	(85)		■	(■)			■							■	
Peucedanum carvifolia Kümmelbl. Haarstrang	(85)	(■)	■			■	(■)				(■)			(■)	(■)
Peucedanum cervaria Hirschwurz	(85)		■	(■)			■					■			■
Peucedanum officinale Echter Haarstrang	81		■	■			■				■			■	
Peucedanum oreoselinum Berg-Haarstrang	82	■	■				■								■
Peucedanum ostruthium Meisterwurz	83	(■)	■			■		(■)	■			■			■
Peucedanum palustre Sumpf-Haarstrang	84		●	(■)			■								■
Peucedanum verticillare Quirl-Haarstrang	(85)			■			■					■		■	
Pimpinella anisum Anis	86	■	(■)			■	(■)								■
Pimpinella major Große Bibernelle	87	(■)	■			■						■			■
Pimpinella saxifraga Kleine Bibernelle	88	■	(■)			■						■			■
Sanicula europaea Sanikel	90	■						■					■		■

Name	Früchte kahl	Früchte borstig / behaart	Früchte länglich	Hülle vorhanden	Hüllchen vorhanden	Hülle gefiedert	Duft aromatisch	Duft unangenehm	Besonderheit
Pastinaca sativa Pastinak	■						■		Duft erinnert an Möhren
Petroselinum crispum Petersilie	■		(■)	(■)	■		■		Kulturform mit krausen Blättern
Peucedanum alsaticum Elsässer Haarstrang	■			■	■				Relativ kleine Dolden
Peucedanum carvifolia Kümmelbl. Haarstrang	■								Stängelgrund mit Faserschopf, Blätter glänzend
Peucedanum cervaria Hirschwurz	■			■	■				Blattunterseite graugrün
Peucedanum officinale Echter Haarstrang	■			(■)	■				Besenartiger Wuchs
Peucedanum oreoselinum Berg-Haarstrang	■			■	■				Sparriger Wuchs
Peucedanum ostruthium Meisterwurz	■				(■)		■		Dolden bis 50-strahlig, geflügelte Früchte
Peucedanum palustre Sumpf-Haarstrang	■			■	■				Weißer Milchsaft
Peucedanum verticillare Quirl-Haarstrang	■								Dolden quirlig stehend
Pimpinella anisum Anis		■					■		Anliegend behaarte, rundliche Früchte
Pimpinella major Große Bibernelle	■						(■)	(■)	Kantiger Stängel
Pimpinella saxifraga Kleine Bibernelle	■						(■)		Runder, fein gerillter Stängel, rundliche Fiedern
Sanicula europaea Sanikel		■		■	■	(■)			Rundliche, handförmige, meist 5-teilige Blätter

Name	Seite	Größe bis 50 cm	50 bis 100 cm	Größe über 150 cm	Blätter ungeteilt	Blätter einfach gefiedert	Blätter mehrfach gefiedert	Blätter handförmig	Blätter 3-zählig	"Kümmelkreuz"	Blätter haarfein	Blattfiedern groß	Dolde kopfig oder einfach	Blüten grün oder gelblich	Blüten weißlich bis rosa
Scandix pecten-veneris Venuskamm	92	■					■								■
Selinum carvifolia Kümmel-Silge	(93)	(■)	■				■								■
Seseli annuum Einjähriger Bergfenchel	(95)	■	■				■				■				■
Seseli hippomarathrum Pferde-Bergfenchel	(95)	■					■				(■)				■
Seseli libanotis Berg-Heilwurz	94		■				■			■					■
Seseli montanum Echter Bergfenchel	(95)	■	(■)				■				■				■
Silaum silaus Wiesensilge	96	■	■				■							■	
Sium latifolium Großer Merk	(112)		■	(■)		■					(■)				■
Torilis japonica Klettenkerbel	97	(■)	■				■								■

Zur Benutzung der Tabellen

Diese Tabelle ermöglicht eine rasche Kontrolle, ob die beobachteten Merkmale zu einer Art passen. Dabei sollten die schwarz gekennzeichneten Merkmale für diese Art zutreffen. Allerdings ist auch hier zu bedenken, dass in der Natur immer wieder einmal Ausnahmen und Abweichungen vorkommen. Dies trifft besonders auf die Größe zu (s. S. 6). Das Vorhandensein einer Hülle ist nur dann schwarz gekennzeichnet, wenn in der Regel mehr als 3 deutlich sichtbare Hüllblätter vorkommen. Grau sind Merkmale gekennzeichnet, die nur bedingt zutreffen, beispielsweise die bläuliche Blütenfarbe bei den Arten der Gattung Mannstreu. Auch die geflügelten Früchte stehen bei "kahl" mit einer grauen Markierung.

Name	Früchte kahl	Früchte borstig / behaart	Früchte länglich	Hülle vorhanden	Hüllchen vorhanden	Hülle gefiedert	Duft aromatisch	Duft unangenehm	Besonderheit
Scandix pecten-veneris Venuskamm		■	■		■				Sehr lange Früchte zur Blütezeit sichtbar
Selinum carvifolia Kümmel-Silge	■				■				Blattzipfel mit weißer Grannenspitze
Seseli annuum Einjähriger Bergfenchel	■		(■)		■				Ein- bis zweijährig
Seseli hippomarathrum Pferde-Bergfenchel	■		(■)		■				Hüllchen becherförmig verwachsen
Seseli libanotis Berg-Heilwurz		■		■	■				Blattzipfel mit weißer Spitze
Seseli montanum Echter Bergfenchel	■				■				Pflanze graugrün und kahl, runder Stängel
Silaum silaus Wiesensilge	■		(■)		■				Blattzipfel mit Stachelspitze, Faserschopf
Sium latifolium Großer Merk	■		(■)	■	■		■		Unterwasserblätter haarfein, Stängel hohl
Torilis japonica Klettenkerbel		■		■	(■)				Pflanze und Blätter sich klettig-rau anfühlend

Die Seitenangaben beziehen sich auf die Vorstellung dieser Arten mit ein- bzw. doppelseitigen Portraits. Bei giftigen Arten sind die Zeilen rot unterlegt, bei essbaren Arten grün und gelb weist auf einen unbekannten, ungenießbaren oder eingeschränkten Speisewert hin. Seitenzahlen in Klammern stammen von selteneren Arten, die nicht in Einzelportraits vorgestellt werden. Hier führt die Angabe zur entsprechenden Gattung bzw. Seite, wo diese Art im Schlüsselteil aufgeführt ist.

Giersch

Aegopodium podagraria

Dieses „unausrottbare Unkraut" liefert dank seiner unglaublichen Wuchskraft das ganze Frühjahr über jeden Tag aufs Neue schmackhafte junge Blätter für Salate und Wildgemüsegerichte – das versöhnt ein wenig mit seinem einnehmenden Wesen. Am besten sind die Blätter, wenn sie noch glänzend zusammengefaltet austreiben ②. Sie schmecken auch gegart ausgezeichnet. Man kann die Blätter und jungen Triebe gut als Pulver zum Würzen trocknen. Die Blüten sind ebenso zu verwenden und eine leckere Dekoration für vielerlei Speisen. Die Früchte eignen sich frisch oder getrocknet als Gewürz.

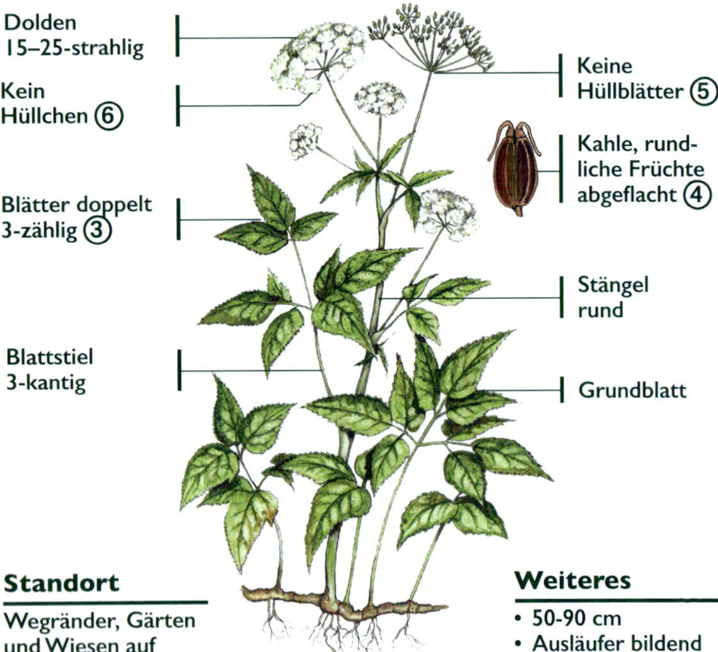

Standort

Wegränder, Gärten und Wiesen auf nährstoffreichen Böden

Weiteres

- 50-90 cm
- Ausläufer bildend
- intensiver Geruch

Früher hat man den Giersch als Gichtmittel verwendet und „Podagra“ ist eine Bezeichnung für die Fußgicht. Mit den zerquetschten Blättern hat man bei Insektenstichen, Verbrennungen und Rheuma die Haut behandelt. Sie sind durch ihren hohen Vitamin- und Mineralstoffgehalt sehr gesund und kräftigend.

Verwechslungsmöglichkeiten

Giersch ist durch seine doppelt 3-zähligen Blätter leicht zu erkennen, allerdings können die obersten Fiederblättchen teils nicht ganz getrennt sein. Ähnlichen Doldengewächsen mit ebenfalls groben Fiederblättchen fehlt der typische Duft des Gierschs. Dies sind – neben dem seltenen **Gewürz-Kälberkropf** (*Chaerophyllum aromaticum*) mit Möhrenduft – besonders diese beiden ebenfalls gesunden und essbaren Arten:

Wald-Engelwurz *Angelica sylvestris*	• Mehrfach gefiedertes Blatt • Rundlicher Blattstiel mit Rinne • Viele Hüllchenblätter	
Meisterwurz *Peucedanum ostruthium*	• 3-teiliges Blatt • wenige Hüllchenblätter	

Hundspetersilie

Aethusa cynapium

Da es sich um ein tödlich giftiges Unkraut handelt, das der glatten Petersilie ähnelt, wird in Gärten überwiegend krausblättrige Petersilie gepflanzt. Zur Blütezeit sind beide nicht zu verwechseln, da Petersilie grüngelbe Blüten hat.

Die Giftwirkung ist für jede Organismengruppe unterschiedlich. Bei einem ausgewachsenen Rind sind etwa 15 kg tödlich. Mäuse und Meerschweinchen scheinen nicht empfindlich auf die Giftstoffe (Polyin-Gemisch mit Aethusin) zu reagieren. Der Verzehr des Krautes führt beim Menschen zu Erregung, abgelöst von Depressionen, Bewegungsstörungen, Lähmungen und schließlich dem Tod. Als erste Anzeichen einer Vergiftung gelten erhöhter Pulsschlag und ein brennendes Gefühl im Mund.

Standort

Äcker und Gärten mit kalkhaltigen und nährstoffreichen Böden

Weiteres

- 10-120 cm
- unangenehmer Mäusegeruch

Früher wurde die Hundspetersilie auch als Arzneipflanze verwendet, doch gehört dies der Vergangenheit an. Tödliche Vergiftungen sind nur aus der alten Literatur bekannt. Es ist jedoch auch nicht zweifelsfrei, ob diese Vergiftungen nicht auch auf den **Gefleckten Schierling** (s. S. 54) zurückzuführen sind.

Verwechslungsmöglichkeiten

Achtung: Die meist 3 einseitig ausgerichteten Hüllchenblätter der Hundspetersilie sind länger als die Blütenstiele ① und können beim Erblühen einer gefiederten Hülle der **Wilden Möhre (s. S. 58)** ähneln!

Die Blätter ähneln denen vieler anderer Doldengewächse, hier sind neben dem Geruch Detailmerkmale der Früchte, Hülle und Hüllchen für die Unterscheidung von Bedeutung.

Wilde Möhre *Daucus carota*	• Geruch angenehm • oft „Möhrenblüte“ • gefiederte Hülle • borstig behaarte Früchte	
Wiesen-Kerbel *Anthriscus sylvestris*	• Geruch angenehm • kantiger Stängel • längliche Früchte	

Große Knorpelmöhre

Ammi majus

Sie wird als Zierpflanze kultiviert und homöopathisch eingesetzt. Medizinisch wird vor allem das **Bischofskraut** *(Ammi visnaga)* verwendet.

Merkmale

① 30-100 cm groß; Dolden 15-40-strahlig, Randblüten meist vergrößert

② Frucht gerippt, rundlich, bis 2 mm lang; Hüllchen mehrblättrig

③ Hülle gefiedert

④ Blätter einfach bis doppelt gefiedert, fein stachelspitzig gezähnt

Standort: Selten verwildert auf Äckern und Ruderalplätzen

Verwechslungsmöglichkeiten

Beide Arten (Bischofskraut und Knorpelmöhre) dieser mediterranen Gattung sind aufgrund ihrer gefiederten Hüllblätter der **Wilden Möhre** (s. S. 58) ähnlich, die jedoch feinere Blätter und einen anderen Duft besitzt. Name und Blattform erinnern ebenfalls an die **Sicheldolde** (s. S. 62).

Dill

Anethum graveolens

Beliebtes Gartenkraut, das vor allem zu Fischgerichten und zum Einlegen von Gurken geschätzt wird. Gegessen werden die Blätter, Blüten und Früchte. Ähnlich wie Fenchel (s. S. 63) und Kümmel (s. S. 46) schätzt man vor allem die Früchte zur Verdauungsförderung und gegen Blähungen.

Merkmale

① Kleine gelbe Blüten; Dolden bis 50-strahlig; haarfeine Blätter

② 3-5-fach gefiederte Blätter mit haarfeinen Zipfeln

③ Abgeflachte Früchte bis 4 mm lang, mit flügelartigen Randrippen

- 50-80 (selten über 120 cm) groß, Blattscheiden oben geöhrt; stark aromatischer, charakteristischer Geruch und Geschmack
- Hülle und Hüllchen fehlen

Standort:

Aus Vorderasien und dem östlichen Mittelmeergebiet stammend und selten verwildert auf Äckern und Ruderalplätzen eher kalkhaltiger Böden

Verwechslungsmöglichkeiten

Die feinen Blätter ähneln denen des **Fenchels** (s. S. 63), Dill bildet jedoch im Gegensatz zu diesem nie eine Zwiebel und hat einen anderen Geruch und Geschmack. Außerdem sind die feinen Blätter von **Bärwurz** (s. S. 74) recht ähnlich, sie haben ebenfalls ein anderes Aroma.

Echte Engelwurz

Angelica archangelica

♃

Sie hat vor allem im Norden eine lange kulinarische und medizinische Tradition. In Frankreich werden die Stängel kandiert als Konfekt angeboten. Die Blätter und Stängel können als Gemüse zubereitet werden. Die Früchte liefern eine Backzutat und aromatisieren ebenso wie die Wurzeln Magenbitter und Liköre. Der Legende nach hat der Erzengel GABRIEL dieser Heilpflanze ihre Heilkraft verliehen. Arzneilich verwendet wird die aromatisch riechende Wurzel. Die Wirkstoffe (ätherisches Öl, Bitter- und Gerbstoffe, Furocumarine, Harz, Lacton Angelicin, Angelicasäure) wirken in erster Linie verdauungsfördernd und appetitanregend, werden aber auch als die Abwehrkräfte steigerndes Stärkungsmittel, zur Anregung der Gallenproduktion und als krampflösendes Mittel verwendet.

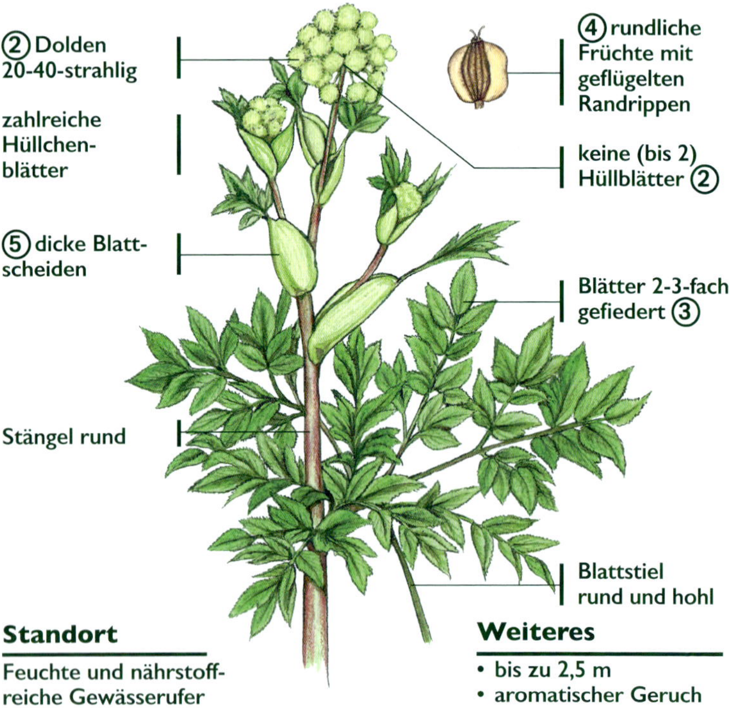

Standort

Feuchte und nährstoffreiche Gewässerufer

Weiteres

- bis zu 2,5 m
- aromatischer Geruch

Sie ist eine der bedeutenden Räucherkräuter. Die Furocumarine können bei hoher Dosierung lichtempfindlich machen und auch der Gehalt der ätherischen Öle verlangt eine angemessene Dosierung. Die ätherischen Öle aus den Früchten und Wurzeln findet man auch in Parfüms und Kosmetika.

Verwechslungsmöglichkeiten

Mindestens ebenso imposant ist der giftige **Riesen-Bärenklau** (S. 64). Er blüht weiß und hat gröbere und spitzere Fiedern als Engelwurz mit gelbgrünlichen Blüten, runden Blattstängeln und aromatischem Duft. Die kleinere, aber recht ähnliche **Wald-Engelwurz** ist ebenfalls essbar (folgende Seite). Sie hat oben flach bis rinnig eingeschnittene Blattstiele und blüht weiß.

Riesen-Bärenklau *Heracleum mantegazzianum*	• Blüten weiß, 50-150-strahlige Dolden • Stängel ca. 4 cm Ø	
Wald-Engelwurz *Angelica sylvestris*	• Blüten weiß • Duft und Geschmack weniger intensiv • Blätter feiner	

Wald-Engelwurz

Angelica sylvestris

2↓

Es wurde beobachtet, dass in den Stängeln 65 verschiedene Tierarten überwintern. Die jungen, recht aromatischen Blätter und Triebe bereichern roh und gegart Salate und Wildgemüsegerichte. Die Stängel können auch kandiert oder in Essig und Öl eingelegt werden. Sie eignen sich auch – ebenso wie die Blüten, Samen und Wurzeln – zum Aromatisieren von Likören, Süßspeisen und Spirituosen. Die Samen lassen sich als Würze für Brot und Gebäck verwenden. Die Wurzel ist seit alters her beliebt als Würzpulver und Gemüse und ist Bestandteil vieler Kräuterliköre.

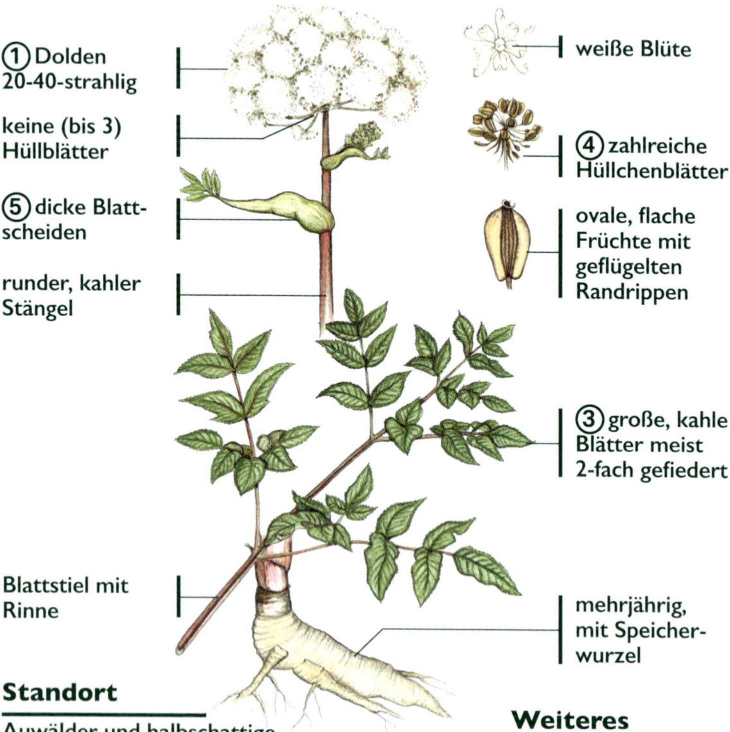

Standort

Auwälder und halbschattige Standorte mit feuchten, nährstoffreichen Böden

Weiteres

- 80-150 cm
- aromatischer Duft

Wald-Engelwurz wird neben der Echten Engelwurz in der Aromatherapie eingesetzt und hat auf Grund ihrer antibakteriellen und verdauungsfördernden Eigenschaften eine lange Tradition als Heilpflanze. Die in geringen Mengen enthaltenen Furocumarine können bei empfindlichen Personen bei Berührung mit dem Presssaft eine Lichtempfindlichkeit hervorrufen.

Verwechslungsmöglichkeiten

Die Blätter ähneln **Giersch** (s. S. 26), sind jedoch mehrfach gefiedert. Ähnlich mit rundem Blattstiel, weißen Blüten und intensiverem Duft ist die **Echte Engelwurz** (s. S. 32). Die seltenere **Sumpf-Engelwurz** *(Angelica palustris)* hat einen scharfkantig gefurchten Stängel, 3- bis mehrfach gefiederte Blätter und der Kelchsaum hat 5 deutliche Zähne (hier sind sie undeutlich). Der ebenfalls seltene **Gewürz-Kälberkropf** (*Chaerophyllum aromaticum)* hat ähnliche Blätter mit Möhrenduft.

Giersch *Aegopodium podagraria*	• doppelt 3-zählige Blätter • 3-kantiger Blattstiel	
Echte Engelwurz *Angelica archangelica*	• grünliche Blüten • intensiver Duft • Blätter gröber	

Wiesen-Kerbel

Anthriscus sylvestris

Der vertraute Name sollte nicht darüber hinweg täuschen, dass es unzählige ähnliche und einige sehr giftige Doldenblütler gibt. Die Verwendung wird nur nach eindeutiger Bestimmung oder von im Garten gezogenen Pflanzen empfohlen.

Die jungen Blätter und Triebe bereichern roh oder gegart Salate und Wildgemüsegerichte. Die Blüten sind eine essbare Dekoration, können in Teig ausgebacken oder in Essig und Öl eingelegt werden. Die Samen eignen sich als Gewürz und können verbacken werden. Man kann sie auch zu Sprossen keimen lassen.

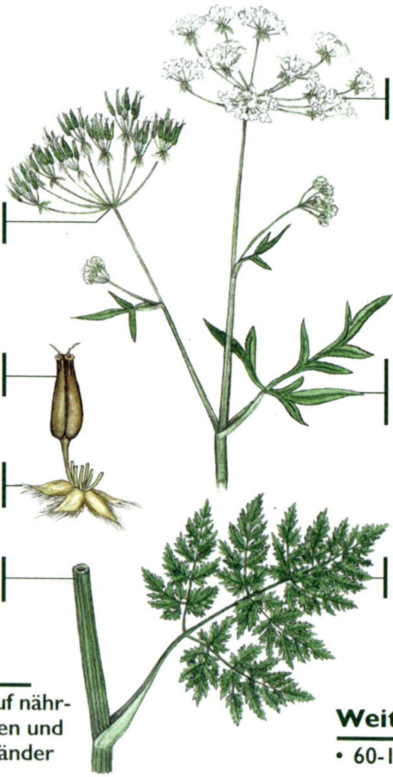

Standort

Stickstoffzeiger auf nährstoffreichen Wiesen und entlang der Wegränder

Weiteres

- 60-150 cm groß

In der Volksmedizin schätzt man den Wiesen-Kerbel wegen seiner entzündungshemmenden, verdauungs- und stoffwechselfördernden Eigenschaften. Wirkstoffe sind Flavon-Glykosid Apiin, ätherisches Öl, Bitterstoffe und Cumarine. Er eignet sich sehr gut für sog. Frühjahrskuren, lindert Verdauungsbeschwerden und kann äußerlich auch gegen Ekzeme und Entzündungen angewendet werden. Auch in der Pflanzenfärberei schätzt man diese Pflanze.

Verwechslungsmöglichkeiten

Auf keinen Fall mit dem **Gefleckten Schierling** (s. S. 54) oder der **Hundspetersilie** (s. S. 28) verwechseln! Diese haben einen glatten Stiel ⑤ und unangenehmen Geruch. Der **Garten-Kerbel** (s. folgende S.) unterscheidet sich vom Wiesen-Kerbel vor allem dadurch, dass er nur 2-6 Doldenstrahlen und einen rundlichen, fein gerillten Stängel besitzt. Ebenfalls ähnlich sind die Arten der Gattung **Kälberkropf** (s. S. 48-51).

Gefleckter Schierling *Conium maculatum*	• Geruch unangenehm • Stängel rot gefleckt, kahl und bereift	
Hundspetersilie *Aethusa cynapium*	• Geruch unangenehm • Stängel nicht rillig • typisches Hüllchen	

Gattung Kerbel

Anthriscus

Der **Garten-Kerbel** *(Anthriscus cerefolium)* ist eine alte Bauerngartenpflanze, die (ähnlich Petersilie, s. S. 80) seit alters her als Gewürz und Heilkraut angebaut wurde. Sie ist eine der ersten Pflanzen die im Jahr geerntet werden und gehört traditionell in vielen Regionen in Ostergerichte. Diese aus Osteuropa und Westasien stammende Pflanze gelangte mit den Römern nach Mitteleuropa und ist selten verwildert zu finden.

① **Glänzender Kerbel** *(Anthriscus nitidus)* mit unterseits glänzenden Blättern und oft vergrößerten Randblüten. Die mittleren Blüten sind meist steril, so dass je Döldchen nur ca. 4-6 Früchte heranreifen.

②③ Der **Garten-Kerbel** *(Anthriscus cerefolium)* unterscheidet sich vom **Wiesen-** (s. S. 36) und **Glänzenden Kerbel** vor allem durch die nur 2-6-strahligen Dolden und den rundlichen, fein gerillten Stängel.

Verwechslungsmöglichkeiten

Die Arten der Gattung Kerbel besitzen ebenso wie die der Gattung **Kälberkropf** (s. S. 48-51) gefiederte Blätter, keine Hülle und ein mehrblättriges Hüllchen. Auch die länglichen Früchte sind ähnlich, allerdings sind die der Gattung Kerbel an ihrem Ende fast schnabelförmig verengt und dort (nur dort!) deutlich 10-rippig. Diese Ähnlichkeit zeigt sich auch darin, dass beispielsweise der **Garten-Kerbel** ehemals systematisch als *Chaerophyllum cerefolium* in diese Gattung gestellt wurde. Der **Hunds-Kerbel** *(Anthriscus caucalis)* ähnelt mit seinen hakeligen Früchten eher dem **Klettenkerbel** (s. S. 97). Es ist eine seltene Art wärmebegünstigter Unkrautfluren.

Sellerie

⊙-♃

Apium graveolens

Sellerie wurde vermutlich aus den wilden Vorkommen der Küstengebiete im Mittelmeerraum kultiviert – und wird in verschiedenen Varietäten angeboten, wie Bleich-, Schnitt-, Stauden- und Knollensellerie. Man schätzt ihn vor allem als Suppengewürz und Gemüse. Aus Früchten und Kraut wird Sellerieöl gewonnen, das auch medizinisch eingesetzt wird.

Merkmale

- Blüten weiß bis hellgrün, an der Spitze mit eingeschlagenem Läppchen; Dolden 5-10-strahlig; Hülle und Hüllchen fehlen

① 30-100 cm groß, kahl, aromatisch riechend, Stängel kantig gefurcht

② Blätter einfach gefiedert mit rhombischen Teilblättern (Kulturformen können mehrfach gefiedert sein)

③ Randlich abgeflachte Frucht, kantig gerippt, ca. 1,5 mm im Ø

Standort: Selten wild auf nassen, nährstoffreichen Binnensalzstellen. Aus Kulturen verwildert auf Äckern, in Weinbergen und auf Ruderalplätzen.

Verwechslungsmöglichkeiten

Die glänzenden Blätter erinnern an die feiner gefiederten Verwandten wie **Petersilie** (s. S. 80) und **Hundspetersilie** (s. S. 28.). Die seltenen und gefährdeten Verwandten, der **Knotenblütige Eppich** *(Apium nodiflorum)* und **Kriechende Eppich** *(Apium repens)*, sind kleiner und an Ufern stehender Gewässer zu finden. Sie ähneln eher dem **Aufrechten Merk** (s. S. 42). In Norddeutschland, Süd-Skandinavien und GB gedeiht der gefährdete und geschützte **Flutende Scheiberich** *(Apium inundatum)*.

Große Sterndolde ♃

Astrantia major

Der Name bezieht sich auf die sternförmige Hülle der Dolden, die die Blüten überragen. Diese auffällige Hülle hat Schaufunktion und gestaltet den Blütenstand für die bestäubenden Insekten attraktiver – allerdings ist nur mäßiger Insektenbesuch zu beobachten. Durch die auffällige Hülle wird diese Art gerne als Zierstaude gepflanzt. Eine Besonderheit sind die einfachen Dolden in den Hüllblättern. Meist steht eine große Dolde oberhalb der anderen am Stängel.

Merkmale

① Einfache Dolden mit weißen bis rosafarbenen Blüten

② Frucht stachelschuppig, 5-7 mm lang, die stachelspitzigen Kelchblätter bleiben ebenfalls erhalten und tragen zur Ausbreitung mit bei

③ Pflanze 30-90 cm groß, kahl

④ Blätter 5-20 cm im Ø, 5-7-teilig, mit weiß begrannten Blattzähnen

- Neben zwittrigen Blüten gibt es häufig männliche mit verkümmertem Fruchtknoten, die keine Früchte bilden.

Standort: Fett- und Bergwiesen, Gebüsche und krautreiche Wälder bis über 2000 m auf nährstoff- und basenreichen, nicht zu trockenen Böden.

Verwechslungsmöglichkeiten

Ohne die Blüten können die handförmigen Blätter auch mit denen von **Storchschnabel, Trollblume, Eisenhut** oder verschiedenen **Hahnenfüßen** verwechselt werden. **Kleine Sterndolde** s. rechts.

Kleine Sterndolde ♃

Astrantia minor

Ihrem Namen entsprechend ist diese Art kleiner und zarter als die Große Sterndolde. Wie alle Arten der Gattung ist ihr gemeinsames Merkmal – neben den handförmigen Blättern – die sternförmige Hülle. Bei der Kleinen Sterndolde ist diese im Vergleich zur Großen Sterndolde ebenfalls kleiner, d.h. sie überragt die einzelnen Blüten kaum. Sie wird nicht kultiviert und ist auch in der Natur seltener zu finden.

Merkmale

① Bis zu 40 cm groß

② Blüten und Hüllblätter stets weiß, Früchte 3-4 mm lang

③ Blätter im Ø meist nicht über 5 cm und Abschnitte schmal

Standort: Gebirgsrasen auf kalkarmen Böden bis ca. 2700 m Höhe, das Vorkommen ist auf den Alpenraum und das Alpenvorland beschränkt.

Verwechslungsmöglichkeiten

Im Gegensatz zur **Großen Sterndolde** (links) stehen die Quernerven der derben, oft rosafarbenen Hüllblätter bei der Kleinen Sterndolde mit weißen, dünneren Hüllblättern weniger deutlich hervor. Die Kelchzähne sind kürzer zugespitzt und auch die ganze Gestalt sowie die Blätter sind feiner und kleiner. Die **Bayerische** *(A. bavarica)* und die **Krainer Sterndolde** *(A. carniolica)* mit 5-teiligen Grundblättern sind noch seltener. Die handförmigen Blätter all dieser Arten können mit **Storchschnabel, Trollblume, Eisenhut** oder verschiedenen **Hahnenfüßen** verwechselt werden.

Aufrechter Merk

24

Berula erecta

Diese Wasserpflanze wird auch **Berle** oder **Wassersellerie** genannt. Sie ist zirkumpolar verbreitet und wird in Asien als Salatpflanze geschätzt. Ihr mild würziges Aroma bereichert vor allem Salate, Quarkspeisen und Kräuterbutter, aber auch gegarte Gerichte sowie Suppen und Saucen. Auch die Blüten und Früchte sind essbar. Der Merk ist durch seine Ausläufer meist in ausgedehnten Beständen zu finden. Erkennen kann man ihn an dem etwas abgerückten untersten Fiederpaar, das zudem meist deutlich kleiner ist als die übrigen – es kann auch ganz fehlen, dann ist an dieser Stelle ein hellerer, weißlicher Ring sichtbar.

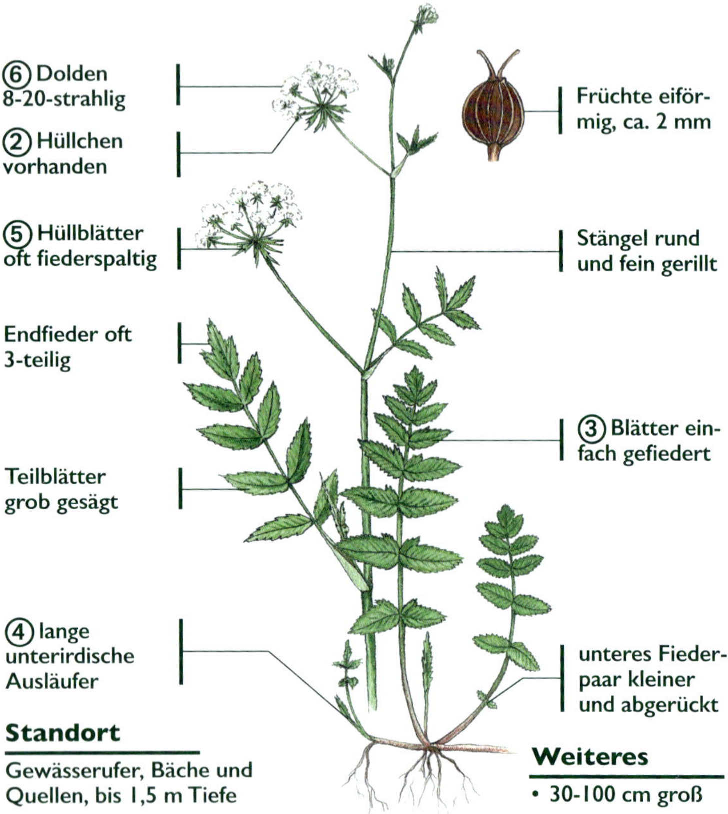

Standort

Gewässerufer, Bäche und Quellen, bis 1,5 m Tiefe

Weiteres

- 30-100 cm groß

Verwechslungsmöglichkeiten

Der leicht giftige **Breitblättrige Merk** *(Sium latifolium)* ist 80-150 cm groß, hat einen kantig gefurchten Stängel, bildet keine Ausläufer und besitzt neben den einfach gefiederten Blättern Unterwasserblätter mit fadenförmigen Zipfeln (Heterophyllie), das Endfiederchen ist gleich gestaltet wie die übrigen und die Früchte sind bis 4 mm groß.

Ebenfalls an Gewässerufern findet man seltener den recht ähnlichen **Knotenblütigen** *(Apium nodiflorum)* und **Kriechenden Eppich** *(Apium repens)*. Beide werden nur ca. 50 cm groß und es fehlt ihnen das verkleinerte untere Blattpaar bzw. der weiße Ring. Sie sind ebenfalls essbar, stehen aber aufgrund ihrer Seltenheit unter Naturschutz.

Auf trockneren Standorten erinnern die einfach gefiederten Blätter an die von **Bibernelle** (s. S. 87 f.) und **Pastinak** (s. S. 78).

Breitblättriger Merk *Sium latifolium*	• Stängel kantig gefurcht • Unterwasserblätter • Endfieder nicht 3-teilig • Früchte bis 4 mm	
Bibernellen *Pimpinella major und saxifraga*	• trockene Standorte • Hülle und Hüllchen fehlen	

Sichel-Hasenohr ♃

Bupleurum falcatum

Es wird auch **Sichelblättriges Hasenohr** genannt. Solange die später etwas ledrigen Blätter noch zart sind bereichern sie roh oder gegart Salate und verschiedenste Gerichte. Die Blüten sind eine hübsche, essbare Dekoration und auch die Früchte können verwendet werden. Das nahe verwandte **Chinesische Hasenohr** *(Bupleurum chinense)* wird seit alters her in der Traditionellen Chinesischen Medizin geschätzt.

Diese Gattung hat ihre Verbreitung im Mittelmeerraum – ihre für Doldengewächse untypischen, ganzrandigen und ungeteilten Blätter sind als Trockenanpassung an diesen Lenbesraum zu deuten. Alle Arten der Gattung haben gelbliche Blüten. Die Hüllblätter sind überwiegend auffällig, das **Rundblättrige Hasenohr** *(Bupleurum rotundifolium)* ohne Hülle ist hier eine Ausnahme. Die Früchte sind meist glatt und kahl mit ± auffälligen Rippen.

Standort

Gebüschsäume und Trockenrasen auf kalkhaltigen Böden

Weiteres

- 30-90 (selten bis 150) cm groß
- Tiefwurzler

Verwechslungsmöglichkeiten

Das **Hahnenfuß-Hasenohr** *(Bupleurum ranunculoides)* hat grasartige Grundblätter und auffällige Hüllchenblätter. Beim einjährigen **Rundblättrigen Hasenohr** *(Bupleurum rotundifolium)* sind die oberen Blätter vom Stängel durchwachsen. Das **Sternblütige Hasenohr** *(Bupleurum stellatum)* ist durch die verwachsenen Hüllchenblätter gut zu erkennen. Das **Langblättrige Hasenohr** *(Bupleurum longifolium)* hat eiförmige Grundblätter mit nur einem durchgehenden Nerv und darüber weitere, den Stängel umfassende Blätter.

Die Blätter können durch die parallel verlaufenden Blattadern mit denen Einkeimblättriger verwechselt werden. Ähnlich sind auch die Blätter der **Sichelmöhre** (s. S. 62) und **Knorpelmöhre** (s. S. 30), die jedoch gefiedert und nicht ganzrandig sind und weiß blühen.

Hahnenfuß-Hasenohr *Bupleurum ranunculoides*	• einjährig • obere Blätter stängeldurchwachsend • auffällige Hüllblätter	
Sichelmöhre *Falcaria vulgaris*	• weiße Blüten • gefiederte Blätter • Blattrand fein gesägt	

Wiesen-Kümmel

Carum carvi

Der Wiesen-Kümmel ist eines der ältesten Gewürze überhaupt. Er ist sehr aromatisch und fördert gleichzeitig die Fettverdauung. Die jungen Blätter und Triebe bereichern roh oder gegart Salate, Quarkspeisen, Bratkartoffeln und verschiedenste Wildgemüsegerichte. Die Blüten lassen sich ebenso verwenden und sind darüber hinaus eine wunderschöne, essbare Dekoration. Die Samen aromatisieren Liköre, Brot, Käse und Spirituosen. Sie werden auch arzneilich verwendet und lindern Blähungen, Völlegefühl und ebenso nervös bedingte, krampfartige Magen-Darm-Störungen.

Standort

Wiesen, Weiden und Wegränder. Seit dem Altertum angebaut

Weiteres

- 30-80 cm groß
- intensiver, aromatischer Geruch nach Kümmel

In der Volksmedizin werden sie darüber hinaus auch zur Förderung der Milchbildung und gegen Entzündungen im Mund- und Rachenraum verwendet. Sie können als Tee oder Gurgelwasser dienen oder unverarbeitet gekaut werden. Wirkstoffe sind ätherische Öle (60 % Carvon), Flavonoide, Harz und Cumarine.

Verwechslungsmöglichkeiten

Typisch sind der würzige Geruch und die nebenblattartigen Blattfiedern, das sog. "Kümmelkreuz" ④. Dieses findet man ebenfalls bei **Berg-Heilwurz** (s. S. 94) und nicht ganz so deutlich ausgeprägt auch bei der **Alpen-Mutterwurz** (s. S. 73). Nicht mit **Geflecktem Schierling** (s. S. 54) oder **Hundspetersilie** (s. S. 28) verwechseln! Beide haben einen unangenehmen Geruch (Blätter zerreiben) und den Blättern fehlt das typische "Kümmelkreuz".

Berg-Heilwurz *Seseli libanotis*	• Hülle und Hüllchen vorhanden • Früchte behaart • Faserschopf	
Alpen-Mutterwurz *Ligusticum mutellina*	• selten über 30 cm große Alpenpflanze • zahlreiche schmale Hüllchenblätter	

Gold-Kälberkropf

Chaerophyllum aureum

Er wird auch Goldfrüchtiger Kälberkropf genannt und hat einen sehr angenehmen, aromatischen Geruch. Ob er für die Wildkräuterküche geeignet ist, haben wir leider nicht sicher herausbekommen können. Steffen Guido Fleischhauer et. al (2013) berichten, dass die Wurzeln, Blätter und Früchte früher gegessen wurden.

Merkmale

① 80-120 cm große Pflanze mit aromatischem Geruch, der entfernt an Zitrusfrüchte erinnert.

② Hüllchen bewimpert und oft rötlich überlaufen

③ 12-18-strahlige Dolden vor der Blüte oft nickend

- Stängel borstig behaart und unter den Knoten leicht verdickt
- Blätter 3-4-fach gefiedert

Standort:

Wiesen, Gebüsche und Wegränder in den Mittelgebirgen und Alpen

Verwechslungsmöglichkeiten

Wie alle Arten der Gattung hat er längliche, kahle Früchte, keine Hülle (oder wenige Blättchen) und fein gefiederte Blätter. Der aromatische Duft ist ein gutes Erkennungsmerkmal für den Gold-Kälberkropf.

Rüben-Kälberkropf ⊙-♃

Chaerophyllum bulbosum

Der Speisewert dieser Art ist umstritten. Einerseits wird berichtet, dass die Wurzeln früher angebaut und gegessen wurden. Andererseits enthält er giftige Inhaltsstoffe (Falcarinol und vermutlich auch das Alkaloid Chaerophyllin) und ist für die Küche nicht zu empfehlen. Vergiftungen sind bisher allerdings nur beim Vieh beobachtet worden.

Merkmale

① 80-180 cm große Pflanze

② Hüllchenblätter kahl und meist ± einseitig ausgerichtet

③ Stängel unter den Knoten verdickt; abwischbar bereift und oben kahl

④ Stängel zur Basis hin borstig behaart, oft auch rot gefleckt

- Wie alle Arten der Gattung hat er längliche, kahle Früchte, keine Hülle (oder wenige Blättchen) und fein gefiederte Blätter.

Standort: Flussufer und feuchte Wälder

Verwechslungsmöglichkeiten

Diese Art wird sehr häufig mit dem **Gefleckten Schierling** (s. S. 54) verwechselt. Beide Arten können imposante Größen erreichen. Der Schierling ist jedoch bis zur Basis hin kahl (hier ist es wichtig, direkt am Erdboden den Stängel zu prüfen!), hat einen unangenehmen Geruch (Blätter zerreiben!) und rundliche Früchte.

Taumel-Kälberkropf

Chaerophyllum temulum

Der lat. Name „temulus“ („berauschend, betäubend“) beschreibt die Giftwirkung. Vergiftungen wurden vor allem bei Tieren beobachtet, obwohl er auch für Menschen giftig ist. Sie zeigen sich durch Taumeln, Durchfall, Pupillenerweiterung und Lähmung.

Merkmale

① Steifhaariger, rot gefleckter Stängel unter den Knoten verdickt

②③ Behaarte Blätter 2-3-fach gefiedert mit stumpfen Endabschnitten

④⑤ Kronblätter nicht bewimpert, 4-8 bewimperte Hüllchenblätter

⑥ Kahle, längliche Früchte

Standort:

Stickstoff-Zeiger an schattigen Waldwegen und Wiesen

Verwechslungsmöglichkeiten

Im Gegensatz zu anderen Arten dieser Gattung ist diese Art mit bis zu 1 m Höhe recht kleinwüchsig und zierlicher. Auch vom **Gefleckten Schierling** (s. S. 54) kann man ihn an der Größe und dem Stängel gut unterscheiden. Der Stängel des Schierlings ist kahl und abwischbar bereift und der des Kälberkropfes borstig behaart.

Gattung Kälberkropf

Chaerophyllum

Alle Arten dieser Gattung haben zusammengesetzte, weiße Dolden und mehrfach gefiederte Blätter. Die Hülle fehlt meist ① oder besteht nur aus sehr wenigen Blättchen. Das Hüllchen ist stets mehrblättrig und die länglichen Früchte sind kahl.

Der **Behaarte** (*Chaerophyllum hirstutum* ②) und der **Gebirgs-Kälberkropf** (*Ch. villarsii* ③) haben beide behaarte Kron- und Hüllchenblätter ④. Beide sind nicht verdickt am Stängel unterhalb der Knoten. Sie unterscheiden sich vor allem an der borstigen Behaarung, die beim Gebirgs-Kälberkropf am Blattstiel und auf den Unterseiten der Blätter zu finden ist ⑥, diese fehlt dem Behaarten Kälberkropf ⑤. Während letzterer recht häufig auf feuchten Wiesen und in Bergwäldern der Alpen und Mittelgebirge zu finden ist, beschränkt sich das Vorkommen des Gebirgs-Kälberkropfes auf den Alpenraum. Er wird auch Alpen-Kälberkropf genannt und wächst vor allem in Hochstaudenfluren.

Verwechslungsmöglichkeiten

Bei diesen beiden Arten sind Kronblätter (unbedingt mit Lupe prüfen!) und die Hüllchenblätter bewimpert. Anderen Arten dieser Gattung fehlt dieses Merkmal. Durch die länglichen Früchte ist der **Wiesen-Kerbel** (s. S. 36) dieser Gattung besonders ähnlich. Er ist vor allem am gerillt-gerieften Stängel zu unterscheiden.

Wasserschierling

Cicuta virosa

Sein Geruch ist sellerieartig angenehm und deutet nicht auf die starke Giftigkeit hin. Die Vergiftung verläuft bei Menschen und Tieren ähnlich und bereits ein walnussgroßes Stück der frischen Wurzelknollen kann tödlich sein. Der Wirkstoff, das Cicutoxin, ist ein Krampfgift, das lähmend auf das Großhirn wirkt. Die Giftwirkung tritt meist bereits 20 Minuten nach dem Verzehr ein und äußert sich mit Brennen im Mund, Übelkeit, Erbrechen, Krämpfen, Sehstörungen, Kopfschmerzen, erweiterten Pupillen und bei entsprechender Dosis tritt der Tod durch Atemlähmung innerhalb von 24 Stunden ein. Die Giftwirkung bleibt beim Trocknen erhalten.

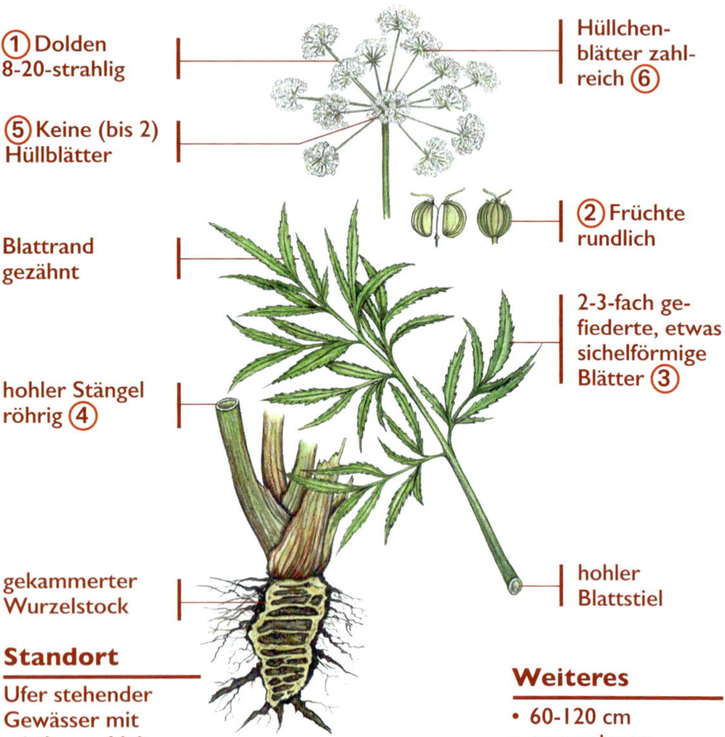

Standort

Ufer stehender Gewässer mit mittlerem Nährstoffgehalt

Weiteres

- 60-120 cm
- angenehmer, sellerieartiger Duft

Nach preußischem Polizeigesetz sollte diese Giftpflanze vernichtet werden, doch sie ist zum Glück zu unbekannt gewesen, um ausgerottet zu werden. In der Homöopathie wird der Wasserschierling bei hysterischen Krämpfen eingesetzt.

Verwechslungsmöglichkeiten

Die sichelförmigen Blätter sehen denen der **Sichelmöhre** (s. S. 62) und dem **Sichelblättrigen Hasenohr** (s. S. 44) recht ähnlich. Beide wachsen jedoch auf eher trockenen Standorten und nicht im Verlandungsbereich von Gewässern. Das Vorkommen an Ufern teilt der Wasserschierling vor allem mit dem **Sumpf-Haarstrang** (s. S. 84), dieser hat jedoch keine sichelförmigen Blätter und ist am weißen Milchsaft gut zu erkennen.

Sichelmöhre *Falcaria vulgaris*	• trockener Standort • Hülle vorhanden • starre, eher blaugrüne Blätter	
Sichelblättriges Hasenohr *Bupleurum falcatum*	• gelbe Blüten • trockener Standort • Hülle vorhanden	

Gefleckter Schierling

Conium maculatum

Er ist einer der giftigsten Pflanzen unserer Heimat. Wirkstoffe sind Alkaloide, vor allem Coniin, von dem bereits 0,5 bis 1 g tödlich sind. Die Giftstoffe werden über die Schleimhäute sehr schnell aufgenommen und können durch Berührung auch auf der Haut zu Ausschlag führen. Beim Verzehr kommt es bei vollem Bewusstsein zu Brennen im Mund, Erbrechen, Lähmung der Zunge und schließlich auch der Atmungsorgane. Im antiken Griechenland war der Schierling Bestandteil des tödlich giftigen Schierlingsbechers, mit dem u.a. SOKRATES hingerichtet wurde. Das Vieh meidet diese Pflanze und getrocknet im Heu sind die abgebauten Giftstoffe weniger wirksam.

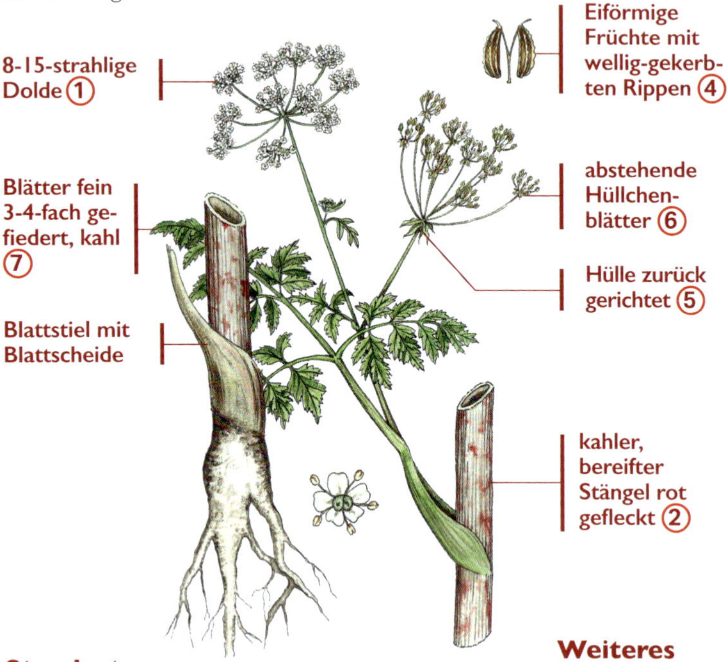

Standort

Äcker, Wegränder und Ruderalplätze auf stickstoffhaltigen Lehmböden

Weiteres

- 80-200 cm, teils auch größer (3)
- unangenehmer Geruch

Trotz der Giftigkeit dieser Pflanze hat sie vor allem im Mittelalter auch eine Tradition als sog. Keuschheitsmittel (vor allem in den Klöstern), als Betäubungsmittel vor Amputationen und war Bestandteil vieler Hexensalben. Heute wird er nur noch in der Homöopathie verabreicht.

Verwechslungsmöglichkeiten

Wer Doldengewächse mit mehrfach gefiederten Blättern, wie z.B. den **Wiesen-Kerbel** für Speisezwecke sammelt, sollte den Gefleckten Schierling unbedingt kennen. Wichtige Merkmale sind der Geruch nach Mäuseurin und der bläulich bereifte, gefleckte Stängel. Auch in der Gattung **Kälberkropf** (*Chaerophyllum*, s. S. 48-51) gibt es ähnliche Arten, diese sind meist durch die borstige Behaarung (zumindest an der Basis der Stängel) zu erkennen. Der Schierling ist bis zur Basis hin kahl.

Wiesen-Kerbel *Anthriscus sylvestris*	• Geruch angenehm • kantiger Stängel • längliche Früchte	
Gattung Kälberkropf *Chaerophyllum spec.*	• Stängel unten borstig behaart • längliche Früchte	

Koriander

Coriandrum sativum

Weitere Namen für diese alte Kulturpflanze sind Arabische Petersilie oder Wanzenkraut. Letzteren verdankt sie dem an Wanzen erinnernden Geruch der Blätter. Verursacht wird er durch den Duftstoff Coriandrol. Die Früchte enthalten den Duftstoff Linalool. Sie werden als Aroma für Backwaren, Spirituosen, Wurst und Gemüse geschätzt. Die Blätter verwendet man vor allem zum Würzen von Salaten und Käsegerichten. Koriander wird auch medizinisch eingesetzt, meist bei Verdauungsstörungen.

Merkmale

① Weiße Blüten mit vergrößerten Randblüten

② Ältere Blätter fein zerteilt. ⑤ Junge Blätter einfacher gestaltet

③ Hülle fehlt, Hüllchen einseitswendig. ④ Kugelige, kleine Früchte

- Einjährige, ca. 30-90 cm große Pflanze

Standort:

Aus dem Mittelmeerraum und Vorderen Orient stammende Kulturpflanze die selten verwildert.

Verwechslungsmöglichkeiten

Der essbare **Strahlen-Hohlsame** *(Bifora radians)* riecht ebenfalls nach Koriander. Es ist eine seltene Art kalkhaltiger, mäßig trockener Äcker, Weinberge und Unkrautfluren, die im Bestand gefährdet ist.

Karotte

Daucus carota ssp. sativus

Karotten werden auch Möhren genannt. Sie werden aus der **Wilden Möhre** (s. nächste Seite) seit dem 14. Jh. kultiviert und zählen neben Tomaten und Zwiebeln zu den beliebtesten Gemüsen. In der Schulmedizin setzt man sie vor allem bei Ernährungsstörungen der Säuglinge und Vitamin A-Mangel ein. Wirkstoff ist neben dem hohen Vitamingehalt das Betacarotin. Auch die Blätter können in Smoothies, Salaten und als Gemüse zubereitet werden. Für die Lagerung schneidet man sie besser ab, da das Blattgrün den Möhren Wasser entzieht und diese dadurch schneller schlapp werden.

① Karotten gibt es inzwischen in vielen verschiedenen Farbvarianten.

② Bei den violett gefärbten Sorten befindet sich die Farbe meist in der Rinde, hier ist der Anteil von Carotin generell höher, daher züchtet man üblicherweise Sorten mit geringem "Holzanteil" und viel Rinde.

③ Die Blätter sind gefiedert wie bei der Wildform; geerntet werden die Pfahlwurzeln der zweijährigen Pflanze zum Ende des ersten Jahres.

Verwechslungsmöglichkeiten

Zuchtsorten, die nicht die typisch orangene Farbe haben, können vor allem mit **Pastinaken-** (s. S. 78) oder **Petersilienwurzeln** (s. S. 80) verwechselt werden – diese haben jedoch nicht deren typischen Duft nach Karotten.

Wilde Möhre

Daucus carota

Sie war bei den Germanen schon eine Kulturpflanze und die Stammform der Karotte. Die zarten Blätter bereichern roh oder gegart Salate und Speisen. Die Blüten sind eine essbare Dekoration. Die Samen dienen als Würze für Backwaren, Liköre und Speisen. Sie wurden früher auch als Kaffee-Ersatz geröstet und zu Sirup verkocht. Als Heilmittel verwendet man die Früchte oder die Wurzel als Presssaft. Volksmedizinisch wird auch das frische Kraut (zerrieben und gemischt mit Honig) zur Behandlung von Wunden, zur Verbesserung der Sehkraft und gegen Geschwüre eingesetzt. Früchte, Blätter oder Wurzeln können als Tee zur Kräftigung und Beruhigung aufgebrüht werden. Essenzen der Möhre bereichern Kosmetika und Parfüms. Das Karotin ist in vielen Sonnenschutzmitteln enthalten. Als Gesichtswasser belebt und erfrischt der Saft die Haut.

Standort

Pionier in Magerrasen und Fettwiesen sowie an Wegrändern auf lockeren, sandigen oder steinigen Böden

Weiteres

- 30-100 cm
- aromatischer Duft nach Karotte
- zahlreiche Hüllchenblätter

Verwechslungsmöglichkeiten

Durch dunkle „Möhrenblüte" ① im Zentrum kenntlich – fehlt diese, liefern die gefiederten Hüllblätter ② und der nestartig zusammenneigende Wuchs ⑥ gute Merkmale. Eine gefiederte Hülle gibt es auch bei **Bischofskraut** und **Knorpelmöhre** (s. S. 30). Hakelige Früchte besitzen auch der **Großblütige Breitsame** *(Orlaya grandiflora)* und die sparrig verzweigte **Acker-Haftdolde** *(Caucalis platycarpos)* sowie die Gattung **Klettenkerbel** (s. S. 97). Die Blätter erinnern an **Wiesen-Kümmel** (s. S. 46) oder **Berg-Heilwurz** (s. S. 94), jedoch mit "Kümmelkreuz". Nicht mit **Geflecktem Schierling** (s. S. 54) verwechseln! Auch das einseitige Hüllchen der **Hundspetersilie** (s. S. 28) kann auf den ersten Blick einer gefiederten Hülle ähneln!

Gefleckter Schierling *Conium maculatum*	• Geruch unangenehm • Stängel rot gefleckt, kahl und bereift • Hülle ungefiedert	
Hunds-Petersilie *Aethusa cynapium*	• Geruch unangenehm • Dolde nicht nestartig • typisches Hüllchen	

Feld-Mannstreu

Eryngium campestre

Diese heute selten gewordene und geschützte, distelartige Pflanze wurde früher medizinisch vor allem gegen Blähungen verwendet, darüber hinaus auch als Aphrodisiakum, daher soll der Name zurückzuführen sein, im Sinne von „dem schwachen Manne treu zur Seite stehend". Die Früchte verbreiten sich als „Bodenroller" in den Köpfen und ab einer gewissen Windgeschwindigkeit mitsamt der ganzen Pflanze. In den großen Steppengebieten können sich mehrere Pflanzen zu meterhohen „Steppenhexen" (Steppenroller) verhakeln.

Merkmale

① 15-60 cm große, distelartige Pflanze mit kahlen, lederigen Blättern, die grundständigen sind meist 3-zählig gefiedert und besitzen wiederum eingeschnittene Fiederblättchen; die weißen Adern treten oft deutlich hervor, der Blattrand ist knorpelig heller und stechend.

② ③ Die weißlich-grünen Blüten stehen in kopfigen, kugeligen Blütenständen, die von stechend gezähnten Hüllblättern überragt werden.

Standort: Trockenwiesen und magere Krautsäume bevorzugt auf kalkhaltigen Böden, auch entlang der Stromtäler.

Verwechslungsmöglichkeiten

Im Gegensatz zu den anderen Arten dieser Gattung ist diese Art stark verzweigt.

Gattung Mannstreu ♃

Eryngium

Die hübschen, an Disteln erinnernden Arten dieser Gattung sind durch ihre Beliebtheit in Trockensträußen und durch Vernichtung ihrer natürlichen Lebensräume selten geworden und stehen unter Naturschutz. Es sind auch beliebte Zierpflanzen, die kultiviert werden.

① **Strand-Mannstreu** *(Eryngium maritimum)* heißt auch einfach **Stranddistel**. Es ist eine Küstenpflanze mit gelbgrünlichen Blütenständen.

② Der **Flachblättrige Mannstreu** *(Eryngium planum)* hat ungeteilte Grundblätter und die Stängelblätter sind 3-5-teilig. Die Hüllblätter sind wenig länger als die bläulichen, eiförmigen Köpfchen. Wild gedeiht diese Art in Trockenrasen und entlang der Flussniederungen.

③ **Alpen-Mannstreu** *(Eryngium alpinum)* ist wie der Name vermuten lässt, fast ausnahmslos in den Hochstaudenfluren der Alpen zu finden, allerdings verwildert er auch aus Gärten. Es ist eine 30-70 cm hohe Pflanze mit ungeteilten, am Grunde herzförmigen Grundblättern und blauvioletten Blüten in einem kopfigen bis zylindrischen Blütenstand, der von meist über 20 stechenden Hüllblättern überragt wird.

Verwechslungsmöglichkeiten

Der aus dem Kaukasus stammende **Riesen-Mannstreu** *(Eryngium giganteum)* wird bis 120 cm groß und unterscheidet sich durch nur 6-10 grob gezähnte Hüllblätter und größere Blütenstände.

Sicheldolde ⊙-♃

Falcaria vulgaris

Diese an Trockenheit angepasste Pflanze wird auch **Knorpel-** oder **Sichelmöhre** genannt. Ihre bis 6 m tief reichenden Wurzeln wurden früher als Gemüse zubereitet. Allerdings enthält die Pflanze Polyine (Falcarinol und Falcarinon), die bei Hautkontakt Allergien hervorrufen können – für die Pflanze dienen diese Stoffe vermutlich als Schutz vor Fraßfeinden. Im Nahen Osten wird die Sichelmöhre medizinisch verwendet.

①

②

③

Merkmale

① 30-80 cm große, sparrig verzweigte Pflanze

② Dolden 12-15-strahlig mit dünnen Strahlen und kleinen weißen Blüten

③ Blaugrüne Blätter ± sichelförmig gebogen, Blattrand dornig gesägt

- Kahle, längliche Früchte mit wulstigen Rippen
- Je 4-8 Hüll- und Hüllchenblätter, letztere auffällig unterschiedlich

Standort: Äcker, Weinberge und im Siedlungsbereich auf trockenen, wärmebegünstigten Standorten kalkhaltiger Böden, im Norden fehlend.

Verwechslungsmöglichkeiten

Nicht nur der Name, sondern auch die Blattform ist der **Knorpelmöhre** (s. S. 30) ähnlich, doch besitzt diese mediterrane Art eine gefiederte Hülle und meist vergrößerte Randblüten. Das **Sichelblättrige Hasenohr** (s. S. 44) hat einfache Blätter und blüht gelb.

Fenchel

⊙-♃

Foeniculum vulgare

Fenchel ist ein mediterranes Würz- und Heilkraut, das inzwischen weltweit geschätzt wird. Die Knollen sind auch als Gemüse beliebt. Die Samen gehören vor allem in die indische Küche und zu Fischgerichten. Als Heilmittel – meist als Tee aufgebrüht – sind sie vor allem bei Magenbeschwerden beliebt, darüber hinaus aber auch zur Linderung von Atemwegserkrankungen und – besonders in Honig – als Hustensaft für Kinder.

Merkmale

① 80-180 cm große kahle, bläulich bereifte Pflanze

② Dolden 10-25-strahlig; Hülle und Hüllchen fehlen

③ Zylindrische Frucht mit stumpfen, breiten Rippen

④ Haarfeine Blätter 2-3-fach gefiedert, mit aromatischem Duft

Standort: Wild von Westasien über Südeuropa bis zu den Kanarischen Inseln verbreitet, aus Gärten verwildert in halbruderalen Magerrasen, entlang der Wegränder und in den Weinbergen.

Verwechslungsmöglichkeiten

Die ebenfalls aromatischen und gesunden Doldengewächse **Dill** (s. S. 31), **Bärwurz** (s. S. 74) und **Kümmel** (s. S. 46) werden teils mit Fenchel verwechselt. Der im gesamten Mittelmeerraum verbreitete **Riesenfenchel** *(Ferula communis)* ist in größeren Mengen giftig. Er hat 20- bis 40-strahlige Dolden und wird bis 3 m groß.

Riesen-Bärenklau

Heracleum mantegazzianum

Er wird aufgrund seiner stattlichen Größe auch Herkulesstaude genannt. Allerdings ist er keine echte Staude. Die Pflanze wird 2-7 Jahre alt, bevor sie blüht und nach der Fruchtreife abstirbt. Sie ist ein Neubürger, der etwa 1890 aus dem Kaukasus als Zierpflanze für größere Gartenanlagen eingeführt wurde und verwildert.

Die Furocumarine verursachen bei Berührung und Sonneneinwirkung Hautentzündungen (Photodermatitis). Bei Kontakt mit der Pflanze sollte auf jeden Fall Schutzkleidung getragen werden.

Standort

Neophyt aus dem Kaukasus, an Wald- und Wegrändern

Weiteres

- bis über 3 m groß

Wenn der Pflanzensaft dennoch auf die Haut gelangt ist, so schnell wie möglich abwaschen und vor Sonneneinstrahlung schützen (bedecken oder Sonnenschutz auftragen). Allerdings scheint der Giftgehalt starken Schwankungen zu unterliegen. In seiner Heimat wird das Mark der Pflanze verspeist und scheint keine Probleme zu bereiten.

Verwechslungsmöglichkeiten

Eine stattliche Größe erreichen auch die **Echte** (s. S. 32) und **Wald-Engelwurz** (s. S. 34), deren Blätter jedoch anders geformt sind und aromatisch duften. Zudem hat die **Echte Engelwurz** grüngelbliche Blütenstände. Den **Wiesen-Bärenklau** (s. S. 66) kann man sehr gut an den behaarten Blättern, Blattstielen und Stängeln unterscheiden.

Wiesen-Bärenklau *Heracleum sphondylium*	• Blätter borstig behaart • borstiger Blattstiel • Stängel ca. 2 cm Ø borstig und kantig gefurcht	
Echte Engelwurz *Angelica archangelica*	• grünliche Blüten • intensiver Duft • Blätter 2-3-fach gefiedert	

Wiesen-Bärenklau ⊙-♃

Heracleum sphondylium

Der Legende nach soll der griechische Held Herkules – auch Herakles genannt – die Heilwirkung entdeckt haben. Die Volksmedizin behandelt mit ihm verschiedenste Krankheiten und verabreicht ihn als Kräftigungsmittel. Dazu ist er ein vielseitig zu verwendendes Wildkraut mit angenehm mildem Geschmack – wegen der starken Behaarung allerdings nur bedingt für Rohkost geeignet. Die Blätter eignen sich wunderbar, um darin Füllungen einzuwickeln. Die Blüten sind in Butter gebraten mit Salz und Pfeffer gewürzt sehr lecker. Die grünen, unreifen Früchte haben einen würzigen Geschmack und können in Brot und Gebäck gegeben oder zum Aromatisieren verwendet werden. Früher hat man sie auch als Bierwürze genommen. Die in geringen Mengen enthaltenen Furocumarine können bei empfindlicher Haut bei Kontakt mit dem Presssaft eine Lichtempfindlichkeit verursachen.

Standort

Nährstoff- und Überdüngungszeiger in Wiesen, Auwäldern und Hochstaudenfluren auf feuchten Böden

Weiteres

- 50-150 cm groß
- Blätter sehr variabel aber stets behaart

Verwechslungsmöglichkeiten

Der Wiesen-Bärenklau ist was seine Größe und Blattformen angeht ein Verwandlungskünstler. Er kann bis über 2 m Höhe erreichen ① und auf gemähten Wiesen auch in nur 10 cm Höhe Blütendolden bilden ⑤. Durch die grob gefiederten Blätter mit der starken, borstigen Behaarung ⑧, die auch auf Blattstiel und Stängel vorhanden ist ⑦, ist er von anderen Gattungen und auch dem **Riesen-Bärenklau** (s. vorherige Seiten) gut zu unterscheiden. Er wird je nach Autor teils in weitere Arten oder Unterarten aufgespalten. So findet man den zierlicheren **Österreichischen Bärenklau** *(Heracleum austriacum)* in den österreichischen Alpen auf Kalkböden und den **Grünblühenden Wiesen-Bärenklau** *(Heracleum sibiricum)* in Skandinavien.

Gattung Engelwurz *Angelica sylvestris und A. archangelica*	• Blätter kahl • aromatischer Geruch • Frucht kahl	
Riesen-Bärenklau *Heracleum mantegazzianum*	• Blätter kahl • 50-150-strahlige Dolden • Stängel ca. 4 cm Ø	

Rosskümmel

Laser trilobum

Seinen Namen verdankt diese stattliche Pflanze dem starken Kümmelgeruch, der Zusatz „Ross" mag auf die beschränktere Beliebtheit zurückzuführen sein, und so viel bedeuten wie „Kümmel, den lieber die Pferde fressen", denn diese an sich essbare Pflanze scheint nur wenig verwendet worden zu sein.

①

②

③

Merkmale

① 60-120 cm groß

② Blätter 3-mal 3-zählig gefiedert mit rundlichen Fiederblättern

③ Eiförmige, kahle Früchte mit mehreren Rippen

- Reinweiß bis rötliche Blüten; Hüll- und Hüllchenblätter fehlend oder wenigblättrig und früh abfallend
- Stängel bläulich bereift, kahl und fein gerillt

Standort: Relativ seltene Pflanze buschiger Berghänge auf kalkhaltigen oder lehmigen Böden in den Mittelgebirgen und darüber hinaus in den Ostalpen bis nach Vorderasien verbreitet.

Verwechslungsmöglichkeiten

Die Blätter erinnern an die einiger **Laserkräuter** (s. folgende Seiten) und im Mittelmeergebiet ist der **Pferdeeppich** *(Smyrnium olusatrum)* mit gelben Blüten von der Blattform her ähnlich.

Bergkümmel ♃

Laserpitium latifolium

Diese auch **Breitblättriges Laserkraut** genannte Pflanze schmeckt etwas bitter und das Aroma erinnert an das von Kümmel und Kerbel. Früher wurden das Kraut, die Früchte und die Wurzel medizinisch verwendet, vor allem als harntreibendes Mittel und bei Magen-Darm-Beschwerden. In Thüringen wurde aus den Wurzeln ein Bitterschnaps hergestellt.

④

Merkmale

① 60-150 cm groß

② Dolden 20-40-strahlig, mit Hüll- und Hüllchenblättern

③ Kahle Früchte bis zu 12 mm groß, mit breit geflügelten Rippen

④ 1-2-fach gefiederte Blätter mit 3-zähligen Abschnitten und groben Fiedern, zerrieben aromatisch duftend, Fiederblättchen am Grunde herzförmig und am Rand gekerbt bis gesägt

- Stängel mit verdickter Rübe und Faserschopf

Standort: im Gebirgsraum auf sonnigen, trockenen Rasen und in Gebüschen und lichten Trockenwäldern auf Kalkböden

Verwechslungsmöglichkeiten

Die Blätter ähneln **Rosskümmel** (links) und **Gaudins Laserkraut** (s. S. 71) mit grün-gelben Blüten und stärker asymmetrischen Blattfiedern und 3-teiliger Endfieder.

Berg-Laserkraut

Laserpitium siler

♃

Diese in den Alpen und im Alpenvorland vorkommende Pflanze ist essbar. Sie ist allerdings nicht sehr häufig und es sollte auf jeden Fall auf den Erhalt des Bestandes geachtet werden. Es gibt auch kaum Überlieferungen über den Speise- und Genusswert, so dass ohnehin eine sparsame Verwendung empfohlen wird.

Merkmale

① 30-150 cm große Pflanze mit eher unangenehmem Geruch

② Dolden 20-40-strahlig

③ Längliche, kahle Früchte mit geflügelten Rippen

- Große, blaugrüne, kahle Blätter 3-4-fach gefiedert, mit schmal-ovalen, ganzrandigen Blattfiedern
- Fein gerillter Stängel am Grunde mit Faserschopf
- Mit Hüll- und Hüllchenblättern

Standort: auf Rasen- und an Krautsäumen auf kalkhaltigen Standorten, Pionierpflanze auf steinigen Halden und in sonnigen Gebüschen

Verwechslungsmöglichkeiten

Die Blätter erinnern an die sparrigeren von **Berg-Haarstrang** (s. S. 82) oder die zarteren der **Wiesensilge** (s. S. 96).

Gattung Laserkraut

Laserpitium

Typisch für diese Gattung sind die Früchte mit den geflügelten Rippen. Die Blätter sind stets gefiedert. Die meisten Arten sind in den Bergregionen beheimatet.

① **Hallers Laserkraut** *(Laserpitium halleri)* gedeiht in den Alpen auf kalkarmen Gebirgsrasen und an trockenwarmen Hängen. Die graugrünen, 2-3-fach gefiederten Blätter haben sehr feine Blattzipfel, die unterseits und auf den Rippen behaart sind. Hüll- und Hüllchenblätter haben einen bewimperten Hautrand.

② Das **Preußische Laserkraut** *(L. prutenicum)* wird 30-100 cm groß und wächst als Wechselfeuchtezeiger auf feuchten Wiesen und in Gebüschen. Der Stängel ist besonders im unteren Teil rauhaarig, die Blüten sind kurz bewimpert und auch die 1-2-fach gefiederten Blätter sind am Rande und unterseits auf den Mittelnerven und der Blattspindel behaart, sonst kahl.

③ **Gaudins Laserkraut** *(L. gaudinii)* ähnelt dem **Breitblättrigen Laserkraut** (s. S. 69), hat jedoch 3-teilige Endfiedern, grüngelbe Blüten und stärker asymmetrische Blattfiedern.

- Das seltene **Engelwurz-Laserkraut** *(L. archangelica)* hat mehrfach 3-zählige Blätter und einen vor allem an den Knoten behaarten Stängel.
- Das ebenfalls seltene **Haarstrang-Laserkraut** *(L. peucedanoides)* hat 2-15-strahlige Dolden und ganzrandige, lanzettliche Fiederblättchen.

Liebstöckel

♃

Levisticum officinale

Liebstöckel verdankt diesen Namen der früheren Verwendung als Aphrodisiakum. Er wird auch Maggikraut genannt – allerdings enthält das 1886 von Julius Maggi auf den Markt gebrachte „Maggigewürz" keinen Liebstöckel. Die jungen Blätter sind vor allem als Suppenwürze beliebt. Die Blüten sind eine essbare Dekoration und auch die Früchte und das Rhizom sind aromatisch und können zum Würzen verwendet werden, man schätzt sie auch in der Volksmedizin als harntreibendes und magenstärkendes Mittel.

①

②

③

Merkmale

①② Blüten gelbgrün, rhombische Teilblätter mit wenigen großen Zähnen

③ Leicht abgeflachte, 6-8 mm lange Früchte mit 5 geflügelten Rippen

- Lang gestielte Blätter 2-3-fach gefiedert, die unteren bis 70 cm lang
- 1,5-2 m groß, bis über 20 cm breite Dolden, Wurzeln teils fleischig verdickt, ausdauernd oder mehrjährig, aber nur einmal blühend, nach Maggi (Curry) duftend

Standort: Aus Südwestasien stammende Kulturpflanze, die seit dem Altertum beliebt ist und auch im Mittelmeergebiet vermutlich als Gewürzpflanze von Menschenhand eingebracht wurde.

Verwechslungsmöglichkeiten

Durch den typischen Geruch ist diese Art leicht kenntlich.

Alpen-Mutterwurz

♃

Ligusticum mutellina

Diese im Alpenraum heimische Pflanze schätzt man seit alters her in der Kloster- und Volksmedizin, äußerlich lindert der frische Presssaft Hauterkrankungen und Schmerzen. Beliebt ist sie auch zum Aromatisieren von Gemüse, Tee und Spirituosen. Sie ist nicht nur für die menschliche Ernährung sehr gesund, sondern liefert auch wertvolles Viehfutter.

Merkmale

① 10-30 (selten bis 50) cm große Pflanze mit 10-15-strahligen Dolden

② 5-6 mm lange, eirundliche Früchte mit schmal geflügelten Rippen

③ 2-fach gefiederte, kahle, bis 10 cm lange Blätter, Endzipfel oft mit grannenartiger, roter Spitze, aromatisch riechend (zerreiben)

- Hohler, stark gerillter Stängel am Grunde mit Faserschopf, kaum beblättert, d.h. Blätter nahezu alle als Rosette wachsend
- Hülle fehlend oder bis 3-blättrig, Hüllchen zahlreich und schmal

Standort: feuchte, nährstoffreiche Wiesen und Weiden

Verwechslungsmöglichkeiten

Die essbare **Kleine Mutterwurz** *(Ligusticum mutellinoides)* hat bis 5 cm lange Blätter und 12-20-strahlige Dolden mit 5-10-blättriger, fiederschnittiger Hülle. Ebenfalls ähnlich sind die Blätter des **Wiesen-Kümmels** (s. S. 46) und des zweihäusigen **Blaugrünen Faserschirms** *(Trinia glauca)*.

Bärwurz

Meum athamanticum

Bärwurz hat ein feines, weiches und doch intensives und durchdringendes Aroma. Er schmeckt kleingeschnitten auf einem Butterbrot köstlich und bereichert roh oder gekocht Salate, Kräuterquark, Kräuterbutter, Suppen, Saucen und vielerlei Wildgemüsegerichte. Jung können die gesamten Triebe mit den feinen Blättern verwendet werden. Die Blüten sind ebenso als essbare Dekoration geeignet. Die Wurzel bereichert seit alters her Kräuterliköre und Spirituosen und liefert die Grundlage des im Bayerischen Wald bekannten Bärwurz-Schnapses.

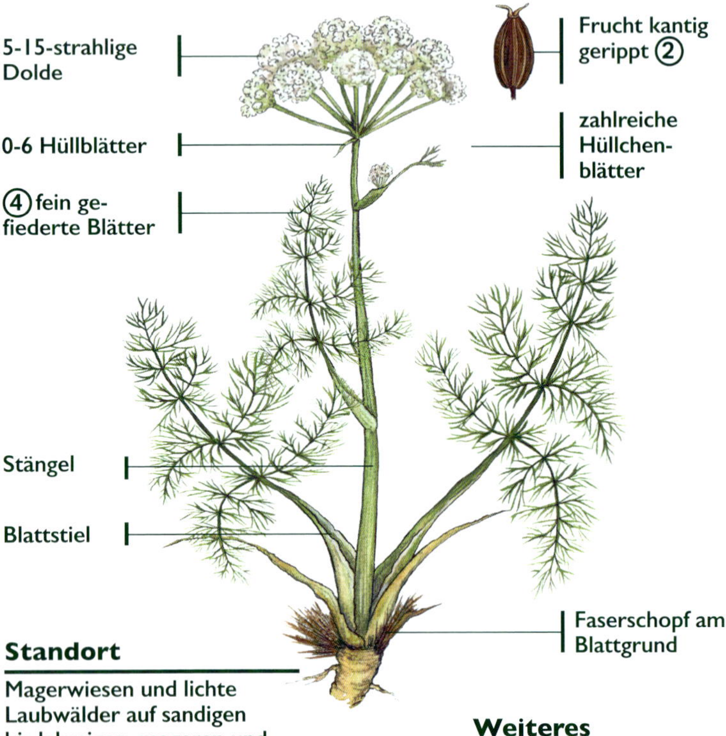

Standort

Magerwiesen und lichte Laubwälder auf sandigen bis lehmigen, mageren und feuchten Böden, vor allem in den Mittelgebirgen

Weiteres

- 30-60 cm
- aromatischer Geruch

Außerdem ist das Kraut sehr gesund. Bärwurz ist ursprünglich eine Frauenheilpflanze, die zur Erleichterung der Geburt eingesetzt wurde. Darüber hinaus werden Blätter, Samen und Wurzel zur Anregung von Stoffwechsel und Verdauung, bei Menstruationsbeschwerden, Blasenleiden und Herzbeschwerden eingesetzt. In der Homöopathie verwendet man Bärwurz vor allem gegen Fieber und Herzschwäche.

Verwechslungsmöglichkeiten

Durch die feinen Blätter mit dem charakteristischen Geruch ist dieses Doldengewächs gut gekennzeichnet. Die in den Alpen und im Vorland verbreitete Alpen-Augenwurz *(Athamanta cretensis)* hat ebenfalls feine Fiederblättchen, allerdings dicht grau behaart. Auch die Blätter von Dill (s. S. 31) und Fenchel (s. S. 63) sind sehr fein und riechen intensiv aromatisch – allerdings mit deren typischem Aroma und gelben Blüten.

Dill *Anethum graveolens*	• gelbe Blüten • anderer Duft • aufrechte Pflanze ohne Faserschopf	
Fenchel *Foeniculum vulgare*	• gelbe Blüten • anderer Duft • aufrechte Pflanze ohne Faserschopf	

Süßdolde

Myrrhis odorata

Sie hat einen charakteristisch süßlich anis-lakritzartigen Duft und Geschmack und wird seit alters her als Gewürz- und Duftpflanze geschätzt. Da sie dazu in allen Teilen essbar ist, bereichert sie die Wildkräuterküche. Auch die Volksmedizin schätzt sie und ein Auszug der ätherischen Öle sowie die getrockneten Früchte oder Blätter findet man in kosmetischen Produkten, Potpourris, Räuchermischungen und Kräuterkissen.

Merkmale

①③ 60-150 cm groß, Blätter 2-4fach gefiedert mit behaarten Stielen

④⑤ 2-2,5 cm lange, schwarzglänzende Früchte, Hüllchen meist behaart

- Hülle meist fehlend; Doldenstrahlen meist behaart
- Intensiver süßlich an Anis und Lakritz erinnernder Duft

Standort: Wiesen und Waldränder in Gebirgslagen

Verwechslungsmöglichkeiten

Ähnlich gefiederte Blätter haben auch giftige Arten, allerdings immer ohne diesen süßlich anis-lakritzartigen Duft. Dadurch und durch die langen Früchte ④ ist diese Art leicht kenntlich.

Gattung Wasserfenchel

Oenanthe

Die Arten dieser Gattung werden auch Pferdesaat oder Rebendolde genannt. Einige enthalten den Wirkstoff Oenanthotoxin und sind giftig. Beim Menschen sind kaum Vergiftungen bekannt. Doch vor allem Pferde, Rinder und Schweine reagieren empfindlich auf die Giftstoffe. Sie zeichnen sich durch weiße Blüten, oft röhrige Stängel und recht fein gefiederte Blätter aus. Die Blüten sind teils nur kurz gestielt. Der Kelch ist deutlich 5-zähnig und die kahle Frucht ist zur Reife halsförmig vom Kelch gekrönt ②. Hülle und Hüllchen sind vorhanden ③.

①② Der **Röhrige Wasserfenchel** *(O. fistulosa)* hat röhrige Stängel, fast sitzende Blüten und knollig verdickte Wurzeln. Er ist giftig.

③ Der **Bibernell-Wasserfenchel** *(O. pimpinelloides)* hat keinen aufgeblasenen Stängel. Er wird selten als Wurzelgemüse gezogen.

- Der **Gewöhnliche** oder **Große Wasserfenchel** *(O. aquatica)* wird wegen der fingerartig verdickten Nebenwurzeln auch „dead man´s finger" genannt. Er hat neben gröber gefiederten Blättern am Stängel feine Unterwasserblätter (Heterophyllie).

Standort:

Es sind Wasserpflanzen, oder Arten, die an Ufern oder zumindest auf feuchtem Grünland wachsen, die meisten sind selten bis stark gefährdet!

Verwechslungsmöglichkeiten

Ihre Vorliebe für feuchte Standorte teilen sie mit der Gattung **Merk** (*Sium / Berula*, s. S. 42) mit einfach gefiederten Blättern (s. S. 112). Der **Breitblättrige Merk** hat zusätzlich ebenfalls feine Unterwasserblätter.

Pastinak

Pastinaca sativa

Die Wurzeln wurden seit dem Altertum wie Möhren gegessen und Pastinak wurde bis ins 18. Jh. weit verbreitet als Kulturpflanze angebaut. Obwohl er einen höheren Nährwert hat als Möhren, geriet er lange Zeit nahezu in Vergessenheit und ist erst wieder auf dem Vormarsch. Die Wurzeln sind aufgrund des hohen Inulingehaltes auch sehr gut als Gemüse für Diabetiker geeignet. Auch die würzig schmeckenden Blätter und jungen Triebe samt den Knospen können roh oder gegart an Salate, Quarkspeisen, Kräuterbutter und verschiedenste Gerichte gegeben werden. Die Blüten eignen sich als würzige, essbare Dekoration für deftige Speisen.

Standort

Lehm- und Verdichtungszeiger an Weg- und Grabenrändern auf meist kalkhaltigen, frischen und nährstoffreichen Böden. Auch angebaut und verwildert.

Weiteres

- 30-100 cm groß
- Geruch süßlich-würzig, an Möhren erinnernd

①

②

③

④

Die Früchte sind auch eine schmackhafte Würze für vielerlei Gerichte und beugen gleichzeitig – ähnlich wie Kümmel – Blähungen vor. Man kann sie zusammen mit Dill und ähnlich wie diesen auch gut zum Einmachen von Kürbissen und Gurken verwenden und als Gewürz trocknen. Sie eignen sich auch zum Aromatisieren von Likören, Süßspeisen und Spirituosen. Darüber hinaus hat der Pastinak heilende Eigenschaften. Hier werden vor allem die Früchte verwendet. Die Schulmedizin misst ihm keine Bedeutung bei, doch in der Volksmedizin findet er als Tee Verwendung bei Wassersucht, Fieber, Schlaflosigkeit, Rheuma und Magenbeschwerden.

Verwechslungsmöglichkeiten

Verwechslung ist von der Blattform her am ehesten mit **Bibernellen** (s. S. 87 f.) oder **Aufrechtem Merk** (s. S. 42) möglich.

Große Bibernelle *Pimpinella major*	• Blüten weiß • Wurzel nach Bock riechend	
Aufrechter Merk *Berula erecta*	• Blüten weiß • feuchte Standorte • Hülle und Hüllchen vorhanden	

Gattung Petersilie

Petroselinum

Petersilie ist eines der bekanntesten und beliebtesten Küchenkräuter. Um Verwechslungen mit der giftigen **Hundspetersilie** oder dem **Gefleckten Schierling** auszuschließen, wurden die Blätter kraus gezüchtet *(Petroselinum crispum var. crispum)*. Petersilie wird seit dem Altertum medizinisch eingesetzt – von Früchten und Wurzeln schätzt man die harntreibende und verdauungsfördernde Wirkung. Das ganze Kraut kam auch als Abtreibungsmittel und Aphrodisiakum zum Einsatz, daher kommt der Name „Petersiliengassen" für das Rotlichtviertel. Schwangere sollten Petersilie maßvoll essen.

④

① 8-15-strahlige Dolden

② Die Zuchtsorten haben gelbgrünliche Blüten

③④ **Blatt-Petersilie** *(Petroselinum crispum var. neapolitanum)*

- Die einzige in Europa wachsende Wildform ist ***Petroselinum segetum***. Sie wird bis 1 m groß, hat einfach gefiederte Blätter mit 4-12 Fiederpaaren, blüht weiß und wächst auf aufgelassenem Kulturland.
- **Wurzel-Petersilie** *(Petroselinum crispum ssp. tuberosum)* hat eine essbare, fleischige Wurzel und dient vor allem als Suppengrün.

Verwechslungsmöglichkeiten

Hundspetersilie (s. S. 28) und **Gefleckten Schierling** s. S. 54) kann man unter anderem an dem unangenehmen Geruch (Blätter zerreiben) von glatter Petersilie unterscheiden. Den typischen Duft nach Petersilie gibt es bei keinem anderen heimischen Doldengewächs.

Echter Haarstrang

24

Peucedanum officinale

Er wird auch **Arznei-Haarstrang** genannt und wurde früher „offizinell" (als Arzneimittel) gehandelt, hier wurde wohl vor allem die Wurzel genutzt. Auch als Würzkraut und zur Gewinnung eines gummiartigen Harzes, sog. Haarstranggummi, hat man diese Art herangezogen. Heute scheint die Anwendung in Vergessenheit geraten zu sein. Gelegentlich wird der Echte Haarstrang als Zierpflanze und Nahrung für Insekten im Gartenhandel angeboten.

Merkmale

① 60-200 cm groß mit lederig harten, besenartig verzweigten Blättern

② Gelbe Blüten in mehreren Döldchen, die bis zu 4 Hüllblätter fallen meist früh ab

③ Rundliche, abgeflachte Früchte mit breiten Randrippen

④ Fiederblättchen lang und fein zugespitzt, unterhalb der Mitte am breitesten, auf der Unterseite mit 2 deutlich sichtbaren Randnerven

- Stängel rund und kahl

Standort:

Halbtrockenrasen, lichte Wälder und Staudensäume auf kalkreichen und trockenen, aber meist zeitweise wasserzügigen Böden, häufiger entlang der Stromtäler, sonst selten und im Norden fehlend.

Verwechslungsmöglichkeiten

Diese Art ist durch Wuchs- und Blattform gut gekennzeichnet.

Berg-Haarstrang

♃

Peucedanum oreoselinum

Die scharf schmeckende Wurzel wurde früher als Gewürz und ausgekocht auch als Gemüse gegessen – dies ist aber vermutlich eher der Not entsprungen und wurde nicht als Genuss zubereitet. Auch die Samen sollen Verwendung gefunden haben. In der Heilkunde wurde die Pflanze teils ähnlich wie **Meisterwurz** (s. S. 83) eingesetzt. Auch hier wurden vermutlich in jeder Region in erster Linie die dort wachsenden Arten für Küche und Medizin eingesetzt.

Merkmale

① 10-25-strahlige Dolde

② Früchte flach mit geflügeltem Rand und sichtbaren Mittelrippen

③ Hülle vielblättrig und rückwärtsgerichtet

④ 2-3-fach gefiederte Blätter mit rechtwinklig und „sparrig" abstehenden und oft abgeknickten Teilfiedern

- 30-100 cm groß mit rundem, fein gerilltem, markigem Stängel
- Hüllchen vielblättrig und ebenfalls meist rückwärts gerichtet

Standort: trockene Wiesen, trockenwarme Gebüsche und Bergwälder

Verwechslungsmöglichkeiten

Der **Venezianer Haarstrang** *(Peucendanum venetum)* ist eine südeuropäische Gewürzpflanze mit etwas schmaleren Fiederblättchen, kantig gefurchtem, hohlem Stängel und 6-15-strahligen Dolden.

Meisterwurz

Peucedanum ostruthium

Im Mittelalter betrachtete man sie nahezu als Allheilmittel und als „Zauberwurzel" und Räucherkraut für magische Rezepturen. Ihre beruhigende, schleimlösende, harntreibende und kräftigende Wirkung schätzt man bis heute in der Heilkunde. Die Blätter dieser aromatischen Bergpflanze eignen sich für Kräuterbutter und bereichern als Würze die verschiedensten Wildgemüsegerichte. Die Wurzel kennt man schon lange als Aroma für Süßspeisen, Liköre und verschiedene Alkoholika.

Merkmale

① 30-100 cm große Pflanze

② Dolden bis 50-strahlig

③ Rundliche Früchte mit je Seite 3 Rippen und geflügelten Randrippen

④ Blätter 3-teilig

- Wenige Hüllchenblätter; Hülle fehlt (oder 1-blättrig)

Standort:

Gebirgswiesen, Gebüsche und Hochstaudenfluren meist auf feuchten, kalkreichen Böden

Verwechslungsmöglichkeiten

An den grob 3-teilig gefiederten Blättern und dem intensiven Aroma ist dieser Doldenblütler leicht zu erkennen, ähnliche Blätter hat der ebenfalls essbare Giersch (s. S. 26).

Sumpf-Haarstrang ♃

Peucedanum palustre

Die stechend scharf schmeckende Wurzel wurde früher als Gewürz und zum Aromatisieren von Spirituosen verwendet. Heute findet der Sumpf-Haarstrang in Küche oder Medizin keine Verwendung mehr. Durch den weißen Milchsaft (Blatt abzupfen) und den Standort in Gewässernähe ist diese Art gut gekennzeichnet.

Merkmale

① 50-150 cm große Pflanze mit kantigem Stängel, am Grunde rotbraun überlaufen

② Früchte rundlich und abgeflacht, randlich geflügelt

③ Blätter 2-3-fach gefiedert mit schmalen Abschnitten

④ Dolden 15-40-strahlig; Hüllblätter zurückgeschlagen, mit häutigem Rand

- Milchsaft; Blattstiel mit langer Rinne, ebenso wie die Blattunterseite rau behaart

Standort:

Sumpfwiesen, Ufer und Flachmoore

Verwechslungsmöglichkeiten

Die Blätter ähneln vor allem denen von **Wiesensilge** (s. S. 96) und **Kümmel-Silge** (s. S. 93), die jedoch beide keinen Milchsaft besitzen.

Gattung Haarstrang

Peucedanum

Die Arten dieser Gattung haben gefiederte Blätter und rundliche, zusammengedrückte, kahle Früchte, die meist am Rand geflügelt sind ①. Hülle und Hüllchen können fehlen oder vorhanden sein, gefiedert sind sie nie, jedoch häufig zurückgeschlagen ③. Oft befindet sich ein Faserschopf aus abgestorbenen Blattresten vom Vorjahr am Grunde des Stängels.

Der **Österreichische Haarstrang** (*Peucedanum austricum* ①) wurde ähnlich wie der Berg-Haarstrang verwendet, allerdings gibt es keine Überlieferungen zur medizinischen Anwendung. Er hat 3-4-fach gefiederte Blätter und flache Früchte mit breit geflügelten Randrippen. Er wächst auf felsigen, buschigen Hängen auf Kalbkböden.

Hirschwurz (*Peucedanum cervaria* ② bis ④) riecht in allen Teilen aromatisch und diente als Heilpflanze. Sie hat einen schwarzen Haarschopf am Grunde des runden, fein gerillten und markigen Stängels. Aufgrund des starken Geruches des Rhizoms wird sie auch Schwefelwurz genannt. Der Blattstiel ist seitlich zusammengedrückt, die Blätter wirken lederig, sind unterseits auffällig netzaderig und am Rand spitz gesägt.

Seltene Arten wie der **Elsässer** *(Peucedanum alsaticum)*, **Quirl-** *(P. verticillare)* und **Sand-Haarstrang** *(P. arenarium)* haben gelbliche Blüten.

Der **Kümmelblättrige Haarstrang** *(Peucedanum carvifolia)* wurde ähnlich wie der Berg-Haarstrang verwendet. Seine Blätter können auch mit denen von **Wiesensilge** (s. S. 96), **Wiesen-Kümmel** (s. S. 46), **Preußischem Laserkraut** *(Laserpitium prutenicum)* und **Erdkastanie** *(Bunium bulbocastanum)* verwechselt werden.

Anis

Pimpinella anisum

Diese bereits im Altertum bekannte Gewürz- und Arzneipflanze stammt aus dem östlichen Mittelmeergebiet. Die Samen bereichern vor allem Backwaren und Süßspeisen. Es gibt auch zahlreiche Liköre wie z.B. Ouzo, Raki und Sambuca, die mit Anis verfeinert werden. Die Blätter würzen auch frisch Salate, Käse und Gemüse. In der Medizin schätzt man Anis vor allem bei Magen-Darm-Beschwerden und als Hustenmittel.

Merkmale

① 10-60 cm große, stark verzweigte Pflanze mit aromatischem Duft

- Die Dolden sind 7-15-strahlig
- Ungeteilte, rundlich bis herzförmige Grundblätter und gefiederte Stängelblätter

② Rundliche, anliegend behaarte Früchte

Standort:

Die Heimat liegt vermutlich im östlichen Mittelmeergebiet. Heute wird Anis in gemäßigten Klimazonen weltweit angebaut. Es ist eine licht- und wärmeliebende Pflanze, die nördlich der Alpen oft nicht zur Fruchtreife gelangt.

Verwechslungsmöglichkeiten

Durch den intensiven Geruch nach Anis ist diese Art gut gekennzeichnet. Auch die Blattform ist leicht zu erkennen.

Große Bibernelle

Pimpinella major

Die jungen Blätter bereichern roh oder gegart Salat, Kräuterbutter und verschiedenste Gerichte. Die Blütenstände sind eine schmackhafte Dekoration. Man kann mit ihnen – wie auch mit den Früchten – Öle, Essig, Bowle, Gebäck und Spirituosen aromatisieren. Sie sind sehr gesund und werden aufgrund ihrer beruhigenden, wundheilenden und stoffwechselanregenden Eigenschaften in der Medizin verwendet.

Merkmale

① 40-100 cm groß, mit kantig gefurchtem Stängel

② Dolden 10-15-strahlig; Hülle und Hüllchen fehlen; Blüten weiß bis rosa

③ Eirundliche Frucht kahl

④ Griffel zur Blütezeit länger als der Fruchtknoten (s. folgende Art)

⑤ Einfach gefiederte Blätter mit 2-4 Blattpaaren, meist kahl, das unterste Teilblatt oft asymmetrisch und das oberste 3-teilig eingeschnitten

- Wurzel durch Capronsäure etwas nach Bock riechend

Standort: Gebirgswiesen auf frischen, nährstoff- und basenreichen Böden

Verwechslungsmöglichkeiten

Die zierlichere **Kleine Bibernelle** (s. folgende S.) ist ebenso verwendbar. Ähnliche Blätter hat **Pastinak** (s. S. 78) und der ebenfalls oft Bibernelle genannte **Wiesenknopf** *(Sanguisorba minor)*, ein Rosengewächs.

Kleine Bibernelle

Pimpinella saxifraga

Sie wird auch **Pimpinelle** genannt und ist ein schmackhaftes Wildkraut, das ebenso wie die größere Verwandte, die **Große Bibernelle** (s. vorherige Seite) roh oder gegart für Salat, Kräuterbutter und verschiedenste Gerichte verwendet werden kann – auch die Blütenstände sind eine schmackhafte Dekoration. Man kann mit ihnen – wie auch mit den Früchten – Öle, Essig, Bowle, Gebäck und Spirituosen aromatisieren.

Standort

Trockenrasen und Gebüsche

Weiteres

- 10-40 (selten 60) cm groß

Verwechslungsmöglichkeiten

Die **Große Bibernelle** (s. vorherige S.) ist an den länglichen Fiederblättern, dem kantigen Stängel und den längeren Griffeln zu unterscheiden. Ähnliche Blätter hat auch **Pastinak** (s. S. 78) mit gelben Blüten, **Aufrechter Merk** (s. S. 42) und der ebenfalls auch Bibernelle genannte **Wiesenknopf** *(Sanguisorba minor)*, ein ebenfalls essbares Rosengewächs.

Die **Schwarze Bibernelle** *(Pimpinella nigra)* hat beidseitig stark behaarte Blätter, der Stängel ist vor allem im unteren Teil graufilzig behaart und die Dolden 15-24-strahlig. Es ist eine seltenere Art der Kiefernwälder und Trockenwiesen. Die **Fremde** oder **Wander-Bibernelle** *(Pimpinella peregrina)* hat neben den gefiederten auch ungeteilte, herzförmige Grundblätter und behaarte Früchte. Sie stammt aus Südeuropa und kann südlich der Alpen gelegentlich verwildert angetroffen werden.

Aufrechter Merk *Berula erecta*	• feuchte Standorte (meist im Bachlauf) • Hülle und Hüllchen vorhanden	
Pastinak *Pastinaca sativa*	• Möhrengeruch • gelbe Blüten • bis 1 m groß	

Sanikel

♃

Sanicula europaea

Sanikel ist eine seit dem Mittelalter verwendete Heilpflanze und „sanus" heißt auf lat. gesund. In der Schulmedizin schenkt man ihr nur wenig Beachtung. Sie ist Bestandteil von Teemischungen gegen Husten und Magenbeschwerden und zur sog. „Blutreinigung". In der Volksmedizin wird sie vor allem bei Menstruationsbeschwerden, Nierenblutungen und als auswurfförderndes und schleimlösendes Hustenmittel angewandt. Der Heiltee kann äußerlich auch zum Gurgeln bei Entzündungen im Mund- und Rachenraum sowie in Form von Umschlägen gegen Ausschlag und bei Quetschungen und Prellungen angewendet werden.

Standort

schattige Wälder auf mäßig trockenen, kalkreichen Böden; bevorzugt bergige Regionen

Weiteres

- 20-50 cm groß

Hier sind es vor allem die Allantoine, die eine Zellneubildung anregen. Weitere Wirkstoffe sind Saponine, Gerb- und Bitterstoffe, ätherisches Öl und Vitamin C. Man kann Sanikel auch sehr gut mit anderen Kräutern mischen, als „Sportsalbe" z.B. entsprechend sehr gut mit Beinwell. Gegen Blähungen und Durchfall ergänzen Kümmel, Minze und Fenchel sehr gut die Wirkstoffe des Sanikels.

Verwechslungsmöglichkeiten

Die handförmigen Blätter erinnern an die der **Sterndolden** – hier vor allem der **Großen Sterndolde** (s. S. 40), die an den sternförmigen Hüllblättern jedoch leicht unterschieden werden kann. Aus anderen Familien sehen sie auch denen von **Storchschnabel, Trollblume, Eisenhut** oder verschiedenen **Hahnenfüßen** ähnlich.

Große Sterndolde *Astrantia major*	• sternförmige Hüllblätter • bis 7-teilige, schmalere Blattabschnitte	
Eisenhut *Lycoctonum spec.*	• zygomorphe Blüten • meist schmalere Blattabschnitte	

Venuskamm

Scandix pecten-veneris

Den kammartig nebeneinander stehenden Früchten verdankt dieses Ackerwildkraut seinen Namen, aufgrund der an Kerbel erinnernden Blattform nennt man ihn auch **Nadelkerbel**. Obwohl der Venuskamm in allen Teilen essbar ist, sollte er wegen seiner Seltenheit geschont werden.

Merkmale

① Meist 10-30 cm groß; Blätter 2-3-fach gefiedert mit am Rand kurz behaarten Zipfeln; runder Stängel und Blattstiele abstehend behaart

② Randständige Kronblätter vergrößert; Früchte bis 8 cm lang geschnäbelt, meist 3-4-mal so lang wie die Frucht

③ Hülle fehlend; Dolden meist 1-3-strahlig mit meist 2-6-blütigen Döldchen und einem Kranz von meist 5 Hüllchenblättern

- Zur Reife springen die borstigen Teilfrüchte ab und verbreiten sich als Bohr- und Klettfrüchte, außerdem bleiben mittig Früchte stehen, die mit den verdorrenden Pflanzen als Bodenläufer („Steppenhexen") vom Wind verbreitet werden (Heterokarpie). Die Samen sind kurzlebig.

Standort: Äcker, Brachen und im Siedlungsbereich auf meist kalkhaltigen, wärmebegünstigten Standorten; im Mittelmeergebiet häufig

Verwechslungsmöglichkeiten: Die Blätter sehen einigen Doldenblütlern ähnlich, durch die lang geschnäbelten Früchte ist die Bestimmung schon zur Blütezeit einfach.

Gattung Silge/Brenndolde

Selinum

Die systematische Stellung dieser Gattung ist in der Diskussion, und bei einigen Autoren gehören **Brenndolde** (*Selinum dubium* ④) und **Brennsaat** *(Selinum silaifolium)* einer eigenen Gattung Brenndolde *(Cnidium)* an. Dann bleibt in der Gattung **Silge** *(Selinum)* einzig die **Kümmel-Silge** (*Selinum carvifolia* ① bis ③).

①

②

③

④

Merkmale

① Die Früchte sind generell rundlich, die der **Kümmel-Silge** sind vom Rücken her abgeflacht und tragen 10 schmal geflügelte Rippen.

②③ Die Blätter der **Kümmel-Silge** *(Selinum carvifolia)* sind 2-3-fach gefiedert und tragen ein weißes Spitzchen.

④ Die **Brenndolde** *(Selinum dubium)* ist 2-jährig und wächst auf Moorwiesen. Ihre Dolden sind 20-30-strahlig und der Stängel hohl.

- Eine Hülle fehlt oder ist mit bis zu 2 Hüllblättern vorhanden, das Hüllchen ist mehrblättrig.

Verwechslungsmöglichkeiten

Die Blätter erinnern an **Wiesen-Kümmel,** doch fehlt ihnen das typische „Kümmelkreuz" (s. S. 46). Auch die des **Sumpf-Haarstranges** (s. S. 84), des **Preußischen Laserkrautes** *(Laserpitium prutenicum)* und des **Kümmelblättrigen Haarstrangs** *(Peucedanum carvifolia)* sehen ähnlich aus.

Berg-Heilwurz

⊙-♃

Seseli libanotis / Libanotis pyrenaica

Sie wird auch **Weihrauch-Bergfenchel, Hirschheil** oder einfach **Bergheil** genannt. Die ganze Pflanze wurde früher roh und gegart für Gemüse und als Gewürz verwendet und auch in Öl eingelegt. Der heranwachsende Stängel im zeitigen Frühjahr kann ähnlich wie Fenchel zubereitet werden. Durch die verdauungsfördernden und antibakteriellen Eigenschaften der ätherischen Öle schätzte man die Heilwurz auch als Medizinalpflanze, die ähnlich wie Fenchel und Kümmel eingesetzt wurde – darüber hinaus kannte man auch eine Anwendung der Wurzel bei Erkältungen. Auch das aus der Pflanze gewonnene gummiartige Harz wurde innerlich und äußerlich medizinisch verwendet.

①

②

③

④

Merkmale

① 30-120 cm groß, stark kantig gefurchter Stängel und Faserschopf

② Dolden 20-40-strahlig; Hülle und Hüllchen zahlreich

③ ④ Blätter mit „Kümmelkreuz", Zipfel mit weißen Stachelspitzchen

- Früchte eiförmig, gerippt und kurz behaart

Standort: lockere Sand- und Felsrasen auf kalkhaltigen Böden

Verwechslungsmöglichkeiten

Durch das „Kümmelkreuz" ③ sieht diese Art dem Wiesen-Kümmel (s. S. 46) besonders ähnlich, hat aber nicht dessen Geruch.

Gattung Sesel

Seseli

Die Arten der Gattung **Sesel** werden auch **Berg-** oder **Steppenfenchel** genannt. Sie haben gefiederte Blätter mit länglichen Fiederblättchen. Die weißen Blüten stehen in zusammengesetzten Dolden. Die rundlichen Früchte können kahl oder behaart sein. Eine Hülle kann vorhanden sein oder nur aus wenigen, früh abfallenden Blättern bestehen. Das Hüllchen ist überwiegend mehrblättrig. Beim **Pferde-Bergfenchel** ***(Seseli hippomarathrum)*** ist das Hüllchen becherförmig verwachsen.

Der **Echte Bergfenchel** (*Seseli montanum* ① und ②) wird bis 60 cm groß, ist ± kahl und hat meist 5-12-strahlige (selten bis 20) Dolden, ebenfalls kahle Früchte mit sich berührenden Hautrippen und wächst auf kalkreichen Magerrasen.

Der **Felsen-Bergfenchel** (*Seseli rupicola* ③) stammt aus dem Kaukasusgebiet.

Der **Einjährige Bergfenchel** *(Seseli annuum)* wird auch **Steppenfenchel** genannt. Wie sein Name vermuten lässt, wurde diese heute seltene Art früher als Gemüse zubereitet. Es ist eine flaumig behaarte Art, die bis 90 cm groß wird. Kennzeichen sind die 10-30 bewimperten Doldenstrahlen, keine Hülle, zahlreiche Hüllchenblätter und braune, eiförmige Früchte mit gelben Rippen. Er wächst als ein- bis zweijährige Pflanze auf Kalkmagerrasen. Er sieht dem **Faserschirm** ***(Trinia glauca),*** einer der wenigen zweihäusigen Pflanzen in der Familie der Doldenblütler, ähnlich.

Wiesensilge

♃

Silaum silaus

Sie wird auch einfach **Silge** oder **Rosskümmel** genannt. Die etwas säuerlich und nach Petersilie schmeckenden Blätter können (solange sie zart genug sind) als Wildgemüse zubereitet, als Gewürz verwendet oder als Rohkost gegessen werden.

Merkmale

① 30-100 cm große Pflanze mit etwas gerilltem Stängel und kaum Blättern; an der Basis des Stängels mit Faserschopf

② Gelbliche Blüten mit eingeschlagenen Zipfeln; Dolden 5-10-strahlig, meist mit verschieden langen Strahlen (hier ist ein Döldchen zu sehen).

③ Fruchtrippen schmal geflügelt; schmale Hüllchenblätter vorhanden mit hellerem Rand

④ Grundblätter 2-4-fach gefiedert, im Umriss dreieckig, Zipfel fein gezähnt, mit weiß- bis rötlicher Stachelspitze

- Hülle fehlend oder bis 3-blättrig

Standort: Wechselfeuchtezeiger kalk- und mäßig nährstoffreicher Wiesen und Flachmoore bis zur subalpinen Stufe; in Norddeutschland selten

Verwechslungsmöglichkeiten

Blühend ist diese Art leicht kenntlich. Die Blätter ähneln vor allem dem **Sumpf-Haarstrang** (s. S. 84) mit weißem Milchsaft (Blatt abzupfen), der **Kümmelblättrigen Silge** (s. S. 93), die ebenfalls einen Faserschopf und Blattzipfel mit Spitze besitzt, der **Silau-Pferdesaat** *(Oenanthe silaifolia)* und der **Brenndolde** (s. S. 93), sie alle blühen weiß.

Klettenkerbel

Torilis japonica

Diese Art (und Gattung) ist an den hakelig bestachelten Früchten leicht zu erkennen. Auch die Blätter und der Stängel fühlen sich "klettig" an. Vor allem auf sonnigen Standorten ist die Pflanze oft rot überlaufen. Solange die Triebe und Blätter zart genug sind können sie als Gemüse und Rohkost gegessen werden.

Merkmale

① Weiße Blüten in 4-12-strahligen Dolden

② Hüllchen vorhanden oder fehlend (wie hier); Früchte mit Widerhaken

③ Hülle mit unauffälligen schmalen Blättchen stets vorhanden

④ Pflanze 30-120 cm groß

Standort: Gebüsche, Wegränder, Hecken auf nährstoffreichen Böden

Verwechslungsmöglichkeiten

Hakelige Stacheln besitzt auch der **Großblütige Breitsame** *(Orlaya grandiflora)* mit vergrößerten Randblüten. Der **Knotige Klettenkerbel** *(Torilis nodosa)* mit knäueligen Blütenständen ist außerhalb der Marschen von Nordsee und Unterelbe kaum zu finden. Der ebenfalls seltenere **Acker-Klettenkerbel** *(Torilis arvensis)* unterscheidet sich durch die fehlende Hülle (bis maximal 2 Hüllblätter) und gerade Fruchtstacheln ohne gebogene Widerhaken. Er ist vor allem auf trockenwarmen und kalkhaltigen Äckern und in Weinbergen verbreitet. Dort wächst auch die sparrig verzweigte **Acker-Haftdolde** *(Caucalis platycarpos)* mit gröberen Stacheln auf den Früchten.

Berg-Laserkraut
Laserpitium siler

Bestimmungsteil

Doldengewächse bestimmen

Viele Menschen glauben, eine Bestimmung sei das Vergleichen einer Pflanze oder eines Pilzes mit einer Abbildung in einem Buch. Diese Art der Bestimmung ermöglicht jedoch kein sicheres Erkennen, sie führt häufig zu Fehlern und ist meist unbefriedigend. Gerade in einer Familie wie den Doldengewächsen mit recht einheitlichem Blütenaufbau sind weitere feine Unterscheidungsmerkmale, z.B. die Frucht betreffend, notwendig. Außerdem ermöglicht der ausschließliche Vergleich von Bildern kein Kennenlernen von gemeinsamen Familienmerkmalen. Pflanzen mit ähnlichem Aufbau werden in mehrere systematische Einheiten, z.B. in Familien und Gattungen, zusammengefasst. Durch das Nachvollziehen dieses Aufbaus wird das Erkennen der Pflanze wesentlich einfacher. Du kannst bei der Bestimmung direkt einige Stufen überspringen. Das ist wie das Einrichten eines Schubladensystems. Wenn du erst einmal weißt, in welcher Schublade du suchen musst, brauchst du nicht mehr den ganzen Schrank zu durchstöbern. Bei einigen Familien gelingt dies sehr leicht, bei anderen ist es etwas schwieriger. Wenn du dich auf das faszinierende Gebiet der Pflanzenbestimmung einlässt, ist eine gute Lupe mit mindestens 10facher Vergrößerung hilfreich. Ganz neue Einblicke ermöglicht ein Stereomikroskop (Binokular). Eine Einführung in dieses Thema findest du im Grundkurs Pflanzenbestimmung (s. Literaturverzeichnis).

Hier beginnt die Bestimmung von Anfang an bei der Familie der Doldengewächse. Um zu einer Pflanzenfamilie zu gelangen, gleicht jede Bestimmung einem Schnelldurchlauf durch die Evolution der Pflanzenwelt. Sie beginnt in der Regel mit der Frage, ob du eine Sporenpflanze vor dir hast, und endet schließlich – wie bei einem immer feiner verzweigten Stammbaum – bei einer Pflanzenfamilie und einer Art. Wenn du dich erst einmal mit der dahinterliegenden Systematik vertraut gemacht hast, wird dir die Bestimmung immer leichter fallen, da du nicht jedes Mal wieder ganz am Anfang beginnst. Egal, ob eine Pflanze nach einem bebilderten oder unbebilderten Schlüssel bestimmt wird, setzt dies einige Erfahrung voraus und braucht seine Zeit, genauso wie das Erlernen einer neuen Sprache. Lernen heißt mit allen Sinnen be-**greifen** und dies braucht Zeit und Berührung. Je mehr Arten zur Auswahl stehen, desto kniffliger werden die Merkmale.

Auf der folgenden Doppelseite stehen exemplarisch ein paar Doldenblütler zur Auswahl, damit du dich erst einmal mit der Herangehensweise an einen Bestimmungsschlüssel vertraut machen kannst. Dahinter folgt ein bebilderter Schlüssel, der die häufigsten in Mitteleuropa heimischen Doldenblütler enthält. Das System ist immer das gleiche: Es gibt eine Frage mit zwei Möglichkeiten. Du entscheidest dich für eine der beiden und gelangst so über mehrere Fragen schließlich zu einer Art.

Systematische Übersicht über das Reich der Pflanzen

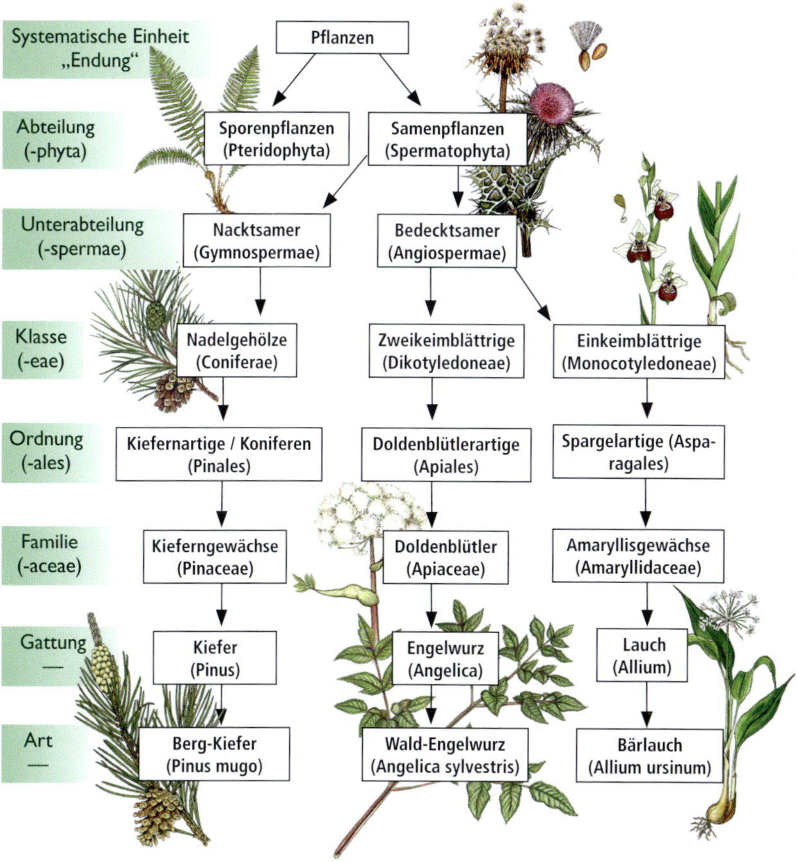

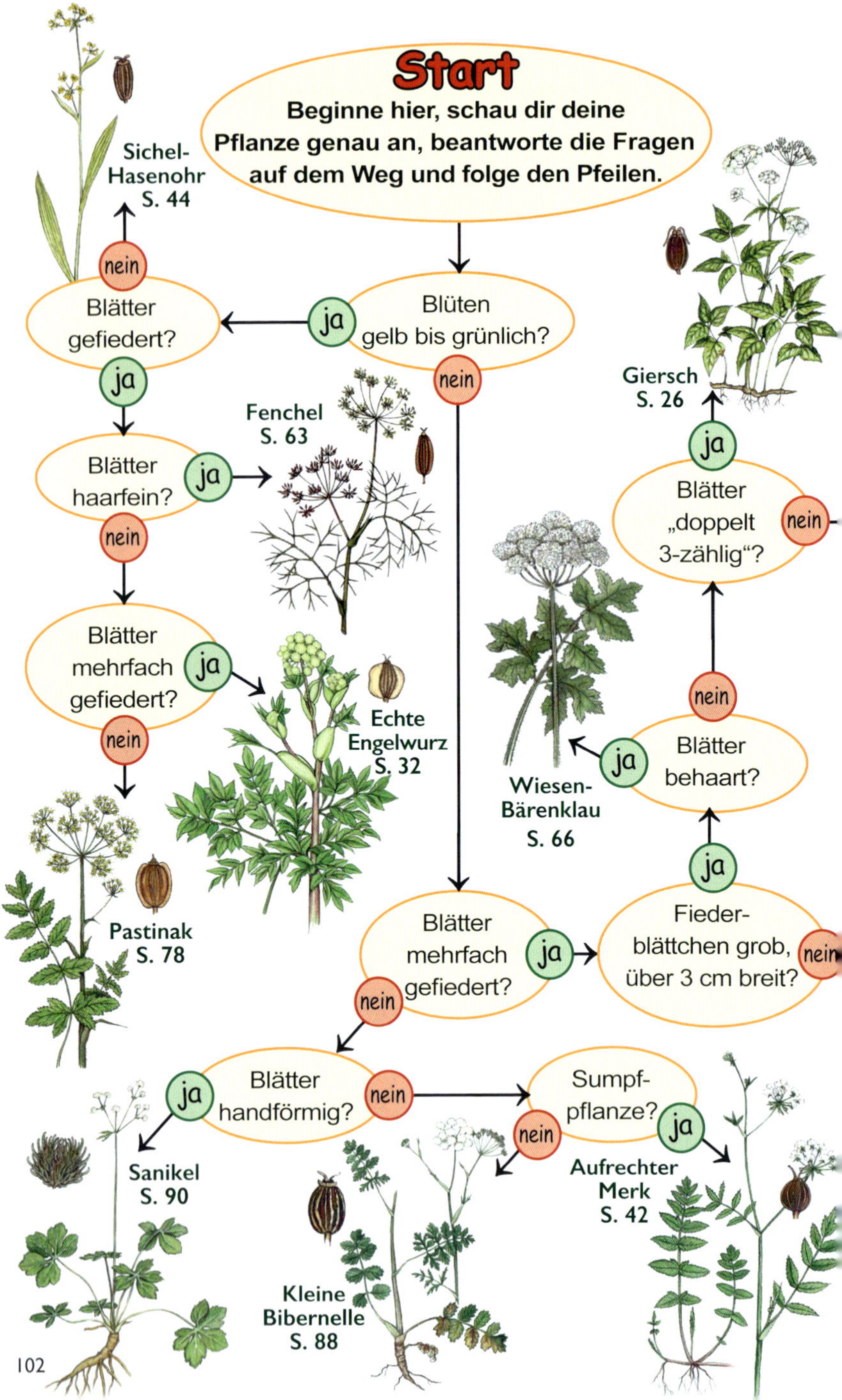
Start
Beginne hier, schau dir deine Pflanze genau an, beantworte die Fragen auf dem Weg und folge den Pfeilen.
Blüten gelb bis grünlich?
ja
nein
Blätter gefiedert?
nein
Sichel-Hasenohr S. 44
ja
Blätter haarfein?
ja
Fenchel S. 63
nein
Blätter mehrfach gefiedert?
ja
Echte Engelwurz S. 32
nein
Pastinak S. 78
Blätter mehrfach gefiedert?
ja
Fieder-blättchen grob, über 3 cm breit?
ja
Blätter behaart?
ja
Wiesen-Bärenklau S. 66
nein
Blätter „doppelt 3-zählig“?
ja
Giersch S. 26
nein
nein
nein
Blätter handförmig?
ja
Sanikel S. 90
nein
Sumpf-pflanze?
ja
Aufrechter Merk S. 42
nein
Kleine Bibernelle S. 88

Blätter meist handförmig geteilt?
ja
Riesen-Bärenklau S. 64
nein
Wald-Engelwurz S. 34
Blätter mit Kümmelkreuz?
ja
Wiesen-Kümmel S. 46
nein
Hülle gefiedert?
ja
Wilde Möhre S. 58
nein
Stängel kantig gerillt?
ja
Wiesen-Kerbel S. 36
nein
Blätter haarfein?
ja
Bärwurz S. 74
nein
Sumpfpflanze mit röhrig-hohlem Blattstiel?
ja
Wasserschierling S. 52
nein
Hülle meist fehlend und Hüllchen zu einer Seite stehend?
ja
Hundspetersilie S. 28
nein
Gefleckter Schierling S. 54

Gebirgs-Kälberkropf
Chaerophyllum villarsii

Bestimmungsschlüssel

Mit dem folgenden Bestimmungsschlüssel können ca. 80 der in Mitteleuropa vorkommenden Doldenblütler bestimmt werden. Eine Übersicht über ihre Merkmale findest du in den Tabellen ab Seite 14.

Feld-Mannstreu

Alpen-Mannstreu

Flachblättriger Mannstreu

1. Gartenpflanze, selten verwildert, dann wachsen diese Arten meist entlang der Wegränder oder im Bereich von Siedlungen: → 75

Einige dieser Arten sind doppelt aufgeführt, vor allem diejenigen, die häufig verwildert anzutreffen sind – oder auch Kulturpflanzen, die ebenso wild wachsen, wie beispielsweise der **Wiesen-Kümmel *(Carum carvi)*** *Nr. 48, 73, 84 und S. 46*

→ Auf natürlichen Standorten wachsende Pflanzen: → **2**

---

2. Distelartige Pflanzen mit harten und ± stacheligen Blättern; die Blüten stehen in ± kugeligen bis elliptischen Köpfchen und sind am Grund von einer Hülle stacheliger Hochblätter umgeben: **Mannstreu *(Eryngium)*** → **3**

→ Pflanze nicht distelartig: → **6**

---

3. Blütenstand und meist auch die Hüllblätter bläulich: → **4**

→ Blütenstand und Hüllblätter ± grünlich: → **5**

---

4. Kopfiger bis zylindrischer Blütenstand von über 20 stechenden Hüllblättern überragt; ungeteilte, am Grunde herzförmige Grundblätter; Hochstaudenfluren der Alpen, Zierpflanze in Gärten; 30-70 cm; VII-IX: **Alpen-Mannstreu *(Eryngium alpinum)*** S. 61

→ Hüllblätter der eiförmigen Köpfchen wenig länger als diese; Grundblätter ungeteilt, obere Stängelblätter 3-5-teilig; Trockenrasen und entlang der Flussniederungen; 30-100 cm; VI-IX: **Flachblättriger Mannstreu *(Eryngium planum)*** S. 61

Der aus dem Kaukasus stammende ***Riesen-Mannstreu (Eryngium giganteum)*** *wird bis 120 cm groß und unterscheidet sich durch nur 6 bis 10 grob gezähnte Hüllblätter und größere Blütenstände. Er ist vor allem in Gärten und Parkanlagen anzutreffen.*

5. **(3)** Hüllblätter schmal; stark verzweigte Pflanze; Grundblätter meist 3-zählig gefiedert mit eingeschnittenen Fiederblättchen; weiße Adern oft deutlich hervortretend; Trockenwiesen und magere Krautsäume meist auf kalkhaltigen Böden, auch entlang der Stromtäler; 15-60 cm; VII-IX: **Feld-Mannstreu** ***(Eryngium campestre)*** S. 60

→ Hüllblätter breit; Grundblätter nierenförmig, nach oben hin 3-5-lappig; Küstenpflanze; 15-60 cm; VI-X: **Strand-Mannstreu / Stranddistel** ***(Eryngium maritimum)*** S. 61

Feld-Mannstreu

Strand-Mannstreu

---

6. **(2)** Blätter gelappt, gefiedert oder handförmig (nur obere Stängelblätter zuweilen ungeteilt): → **9**

→ Alle Blätter ungeteilt und ganzrandig: **Hasenohr** ***(Bupleurum)*** → **7**

Alle Arten dieser Gattung haben ganzrandige und ungeteilte Blätter. Die Hülle ist oft auffällig vergrößert, ausnahmeweise, kann sie fehlen, wie beim ***Rundblättrigen Hasenohr (Bupleurum rotundifolium).*** *Ein Hüllchen ist stets ausgebildet und die Blüten sind gelbgrün bis rötlichgelb. Die Früchte sind kahl und eiförmig bis länglich.*

---

7. Eiförmige Blätter vom Stängel durchwachsen; einjährige Pflanze der Äcker und Wegränder auf kalkhaltigen Standorten; 15-50 cm; VI-VII: **Rundblättriges Hasenohr** ***(Bupleurum rotundifolium)*** S. 45

Das ***Langblättrige Hasenohr (Bupleurum longifolium)*** *hat eiförmige Grundblätter mit nur einem durchgehenden Nerv und darüber weitere, den Stängel umfassende Blätter.*

→ Merkmale anders: → **8**

---

8. Blätter sichelförmig, breit-länglich; Blüten gelb; Hüllchen 5-blättrig; formenreich; Trockenrasen und lichte Wälder; 20-100 cm; VII-IX: **Sichel-Hasenohr** ***(Bupleurum falcatum)*** S. 44

Sichel-Hasenohr

Hahnenfuß-Hasenohr

➡ Grundblätter grasartig und parallelnervig; 5-7 auffällige Hüllchenblätter; Felsen und alpine Rasen auf Kalk; 10-30 (selten 50) cm; VII-VIII: **Hahnenfuß-Hasenohr *(Bupleurum ranunculoides)*** S. 45

*Das **Sternblütige Hasenohr (Bupleurum stellatum)** ist durch die verwachsenen Hüllchenblätter gut zu unterscheiden.*

---

9. **(6)** Der obere Teil des Fruchtknotens verlängert sich schon zur Blütezeit zu einem langen Schnabel, zur Reifezeit ist der Schnabel 6-mal so lang wie die eigentliche Frucht; Dolden 1-3-strahlig; Hülle fehlend; Hüllchen 5-blättrig; Blätter 2-3-fach fiederschnittig; Stängel abstehend steifhaarig; Saatfelder, vor allem auf Kalk und Lehm; 10-40 cm; IV-VII: **Venuskamm / Nadelkerbel *(Scandix pecten-veneris)*** S. 92

➡ Merkmale anders: ➡ **10**

---

10. Blätter handförmig geteilt: ➡ **11**

➡ Blätter gefiedert: ➡ **13**

Venuskamm

11. Dolde mit kleinen, köpfchenförmigen Döldchen; Hüll- und Hüllchenblätter vorhanden; Blätter handförmig 3- bis 5-teilig; die Grundblätter sind wintergrün und größer als die Stängelblätter; schattige Laubwälder auf Kalk; 20-45 cm; V-VII: **Sanikel *(Sanicula europaea)*** S. 90

➡ Mehrere einfache Dolden mit auffälligen, weißen bis rötlichen Hüllblättern, die obersten überragen die anderen oft weit: **Sterndolde *(Astrantia)*** ➡ **12**

*Der Gattungsname stammt von gr. „aster" = Stern und „anthos" = Blüte und bezieht sich auf die sternförmigen Hochblätter. Neben den beiden aufgeführten Arten werden außerdem die beiden selteneren Arten, die **Bayerische (Astrantia bavarica)** und **Krainer Sterndolde (Astrantia carniolica)** unterschieden.*

Sanikel

12. 5-7-teilige, 6-12 cm große, rundliche Grundblätter mit grob gezähnten, breiten Lappen; bis 2,5 cm lange Hüllblätter oft rötlich; Frucht 5-7 mm lang; Gebüsche und Bergwiesen meist auf kalkarmen Böden; 30-100 cm; VI-VIII: **Große Sterndolde** ***(Astrantia major)*** S. 40

→ Überwiegend 7-teilige, bis 5 cm große Grundblätter, tiefer geteilt mit schmaleren Lappen als bei der Großen Sterndolde; bis 1 cm lange Hüllblätter weiß (nie rötlich); Frucht 3-4 mm lang; felsige Hänge und Gebirgsrasen, kalkmeidend; 20-40 cm; VI-VIII: **Kleine Sterndolde** ***(Astrantia minor)*** S. 41

Große Sterndolde

Kleine Sterndolde

---

13. (10) Blütenkrone gelb bis grünlich: **→ 14**

→ Blütenkrone weißlich bis rötlich: **→ 18**

---

14. Bis über 2 m große, aromatisch duftende Pflanze; Blattstiele rund und hohl; feuchte Wiesen und Ufer; 120-250 cm; VII-VIII: **Echte Engelwurz** ***(Angelica archangelica)*** S. 32

Die ***Wald-Engelwurz*** *hat weißliche Blüten – ohne diese kann man beide Arten an den Blattstielen unterscheiden, da sie bei der* ***Wald-Engelwurz*** *rinnig gefurcht sind.*

An der Blütenfarbe kann man die ***Echte Engelwurz*** *leicht vom ebenso imposanten* ***Riesen-Bärenklau*** *(s. S. 64) unterscheiden.*

→ Merkmale anders: **→ 15**

Echte Engelwurz

---

15. Blätter einfach gefiedert mit 3-7 Paaren, am Rand ungleich gekerbt; Stängel ± kantig; Hüllchen fehlend oder 1-2-blättrig; Wiesen, Trockenhänge, auch Kulturpflanze; 30-100 cm; VII-VIII: **Pastinak** ***(Pastinaca sativa)*** S. 78

Im blütenlosen Zustand kann man die Blätter am ehesten mit ***Bibernellen*** *(s. S. 87 f.) oder dem* ***Aufrechten Merk*** *(s. S. 42) verwechseln. Beide blühen weiß.*

→ Merkmale anders: **→ 16**

Pastinak

Wiesensilge

16. Grundblätter 2-4-fach gefiedert; Hüll- und Hüllchenblätter weißlich berandet, teils fehlend; Blütenblätter grünlich-gelb; Fruchtrippen schmal geflügelt; Wiesen, Flachmoore, Gebüsche; 30-100 cm; VI-IX: **Wiesensilge / Silau *(Silaum silaus / Silaus pratensis)*** S. 96

*Die Blätter ähneln vor allem dem **Sumpf-Haarstrang** (Nr. 34 und S. 84) mit weißem Milchsaft (Blatt abzupfen), der **Kümmel-Silge** (Nr. 69 und S. 93), die ebenfalls einen Faserschopf und Blattzipfel mit Spitze besitzen, der **Silau-Pferdesaat (Oenanthe silaifolia)** und der **Brenndolde** (S. 93), sie alle blühen weiß.*

➞ Blätter haarfein; Hülle und Hüllchen fehlend; stark aromatische Gartenpflanze: ➞ **17**

Dill

17. Früchte breit geflügelt, linsenförmig; Blattscheiden kurz, kaum über 2 cm lang; Stängel weiß gestreift; Dolden bis 50-strahlig; Küchenkraut aus Vorder-Asien; 20-45 cm; VII-VIII: **Dill *(Anethum graveolens)*** Nr. 77 und S. 31

➞ Früchte ungeflügelt; Blattscheiden 3-6 cm lang; Dolden bis 25-strahlig; 80-180 cm; VII-IX: **Fenchel *(Foeniculum vulgare)*** Nr. 77 und S. 63

Diese beiden Arten kann man auch an ihrem Geruch und Geschmack unterscheiden.

Fenchel

18. (13) Frucht kahl: ➞ **25**

➞ Fruchtknoten und Frucht behaart, borstig oder stachelig: ➞ **19**

Süßdolde

19. Pflanze anisartig riechend; bis 2,5 cm lange Frucht reif glänzend, an den Kanten borstig; Hochstaudenfluren, oft aus Gärten verwildert; 60-150 cm; V-VII: **Süßdolde *(Myrrhis odorata)*** Nr. 47, 83 und S. 76

Durch den süßlich aromatischen Geruch und Geschmack ist diese Art gut gekennzeichnet.

➞ Merkmale anders: ➞ **20**

20. Blätter einfach gefiedert oder fiederteilig; Stängel bis 10 cm im Durchmesser, meist purpurn gefleckt und undeutlich gefurcht; Straßen- und Waldränder; 2-3,5 m; VI-VIII: **Riesen-Bärenklau *(Heracleum mantegazzianum)*** S. 64

Diese aus dem Kaukasus eingeführte Zierpflanze verdrängt teilweise die heimische Vegetation. Bei Berührung ist Vorsicht geboten, da die Furocumarine die Haut lichtempfindlich machen und bei Sonneneinstrahlung Hautreizungen verursachen. Bei Berührung die Haut vor Sonneneinstrahlung schützen!

→ Merkmale anders: → **21**

Riesen-Bärenklau

21. Frucht zur Reifezeit geflügelt; kantiger Stängel borstig behaart; Wechselfeuchtezeiger auf Wiesen und in Gebüschen der Mittelgebirge und Alpen, kalkmeidend; 30-100 cm; VII-IX: **Preußisches Laserkraut *(Laserpitium prutenicum)*** Nr. 38 und S. 71

→ Merkmale anders: → **22**

Preußisches Laserkraut

22. Blattstiel, Blätter und Stängel ± borstig behaart; Blattscheiden bauchig; Hüllchen mehrblättrig; Randblüten meist vergrößert; Wiesen, Wälder; 50-150 cm; VI-X: **Wiesen-Bärenklau *(Heracleum sphondylium)*** Nr. 59 und S. 66

→ Merkmale anders: → **23**

Wiesen-Bärenklau

23. Hüllblätter fiederspaltig; Frucht stachelig; Dolden in der Mitte häufig mit schwarz-purpurner „Mohrenblüte" (der Name bezieht sich auf die Blütenfarbe); Wiesen, Wege, Steinbrüche; 30-100 cm; V-VII: **Wilde Möhre *(Daucus carota)*** S. 58

→ Merkmale anders: → **24**

Hülle, Wilde Möhre

24. Frucht behaart aber nicht hakelig; längliche Fiederblättchen: **Sesel *(Seseli)*** → **70**

Klettenkerbel

Aufrechter Merk

Breitblättriger Merk

→ Frucht mit hakeligen Stacheln; Wälder, Gebüsche, Wegränder, Hecken; 30-120 cm; VI-VIII: **Gewöhnlicher Klettenkerbel *(Torilis japonica)*** S. 97

Auch die Blätter und der Stängel fühlen sich beim Entlangstreifen „hakelig" an.

---

25. (18) Hülle fehlend oder 1-2-blättrig (selten beim Bärenklau auch mehrblättrig vgl. Nr. 20, 22 und 59): → **42**

→ Hülle 3- bis vielblättrig: → **26**

Wichtig ist, das Hüllchen an der Basis der Einzelblüten nicht mit der Hülle am Grund der Dolde zu verwechseln.

---

26. Blätter einfach gefiedert (beim Breitblättrigen Merk sind nur die Unterwasserblätter doppelt gefiedert): **Merk *(Sium)*** → **27**

→ Zumindest die Grundblätter 2- bis mehrfach gefiedert: → **28**

---

27. Ohne Unterwasserblätter; Stängel fein gerillt; Fiedern ungleich grob gesägt; Gräben, Bäche, Quellen; 30-100 cm; VI-VIII: **Aufrechter Merk / Gewöhnliche Berle *(Sium erectum / Berula erecta)*** S. 42

*Die seltenen und gefährdeten Verwandten, der **Knotenblütige Eppich (Apium nodiflorum)** und **Kriechende Eppich (Apium repens),** sind kleiner und an Ufern stehender Gewässer zu finden. Beide werden nur ca. 50 cm groß und es fehlt ihnen das verkleinerte untere Blattpaar bzw. der weiße Ring.*

→ Stängel am Grund mit fein zerteilten Unterwasserblättern; stehende Gewässer; 60-120 cm; VII-VIII: **Breitblättriger Merk *(Sium latifolium)***

Die Unterwasserblätter sind das wichtigste Unterscheidungsmerkmal zum Aufrechten Merk. Die Oberflächenvergrößerung ermöglicht eine erhöhte Nährstoffaufnahme.

28. (26) Hülle gefiedert bis fiederteilig: ➜ **29**

➜ Merkmale anders: ➜ **30**

29. Einfach bis doppelt gefiederte Grundblätter mit breit-elliptischen Abschnitten; aus Südeuropa eingewandert; 60-100 cm; VI-X: **Große Knorpelmöhre *(Ammi majus)*** S. 30

➜ Dolden mit 5-10-blättriger, fiederschnittiger Hülle; 12-20-strahlig; Früchte schmal geflügelt; Blätter bis 5 cm lang; ohne Faserschopf am Stängelgrund; Matten und Schuttfluren der Alpen ab 1700 m Höhe auf kalkarmen Standorten; 5-15 cm; VI-VIII: **Kleine Mutterwurz *(Ligusticum mutellinoides)*** S. 73

*Ähnlich ist die **Alpen-Mutterwurz (Ligusticum mutellina**, s. Nr. 56), diese ist jedoch größer und besitzt keine Hülle.*

*Auch bei **Hallers Laserkraut** (Nr. 40) kann die Hülle fiederteilig sein.*

30. (28) Lederige Blätter bandförmig, scharf gezähnt; meist doppelt 3-zählig gefiedert; Pflanze blaugrün und sparrig verzweigt; kahle Frucht mit wulstigen Rippen; je 4-8 Hüll- und Hüllchenblätter; Trockenrasen auf Kalk; 20-70 cm; VII-X: **Sichelmöhre *(Falcaria vulgaris)*** S. 62

Doppelt dreizählig gefiedert bedeutet, dass die Blätter aus jeweils 3 Teilblättern mit wiederum je 3 Fiederblättchen zusammengesetzt sind.

➜ Merkmale anders: ➜ **31**

31. Früchte geflügelt, nur am Rand oder auch auf der Fläche: ➜ **32**

Hier gilt es reife Früchte anzuschauen, da sich die Flügel oft erst nach der Blütezeit ausbilden. Der Rand einer Frucht ist dort, wo sich die beiden Spaltfrüchte zur Reifezeit trennen.

➜ Früchte ungeflügelt, teils mit wulstigen Rippen: ➜ **41**

Knorpelmöhre, gefiederte Hülle

Hallers Laserkraut, fiederteilige Hülle

Sichelmöhre

Berg-Haarstrang, geflügelter Rand

Preußisches Laserkraut, 8 geflügelte Rippen

Sumpf-Haarstrang

32. Kelch deutlich gezähnt; rundliche, linsenförmig zusammengedrückte, kahle Früchte oft am Rand geflügelt: **Haarstrang *(Peucedanum)*** ➔ **33**

Hülle und Hüllchen können fehlen oder vorhanden sein. Gefiedert sind sie nie, häufig jedoch zurückgeschlagen. Die geflügelten Ränder sind erst an reifen Früchten zu erkennen!

➔ Früchte mit geflügelten Rippen, teils am Rand und auf der Fläche unterschiedlich lang: **Laserkraut *(Laserpitium)*** ➔ **38**

Die meisten Arten sind in den Bergregionen beheimatet. Bis auf ***Gaudins Laserkraut (Laserpitium gaudinii)*** *blühen die Arten weiß. Das* ***Preußische Laserkraut*** *(Nr. 21 und 38) ist die einzige Art mit behaarten Früchten.*

---

33. (32 und 57) Hülle vorhanden: ➔ **34**

➔ Hülle fehlend, nur mit 1-2 Blättern oder früh abfallend: ➔ **36**

---

34. Pflanze mit wenig weißlichem Milchsaft; Dolden 15-40-strahlig; Hüllblätter zurückgeschlagen, mit häutigem Rand; Hüllchen mehrblättrig; Blattstiel mit langer Rinne, ebenso wie die Blattunterseite behaart (Lupe!); Sumpfwiesen, Ufer; 80-150 cm; VII-VIII: **Sumpf-Haarstrang *(Peucedanum palustre)*** S. 84

Das ähnliche, seltene und in den Südalpen verbreitete ***Haarstrang-Laserkraut (Laserpitium peucedanoides)*** *hat 2-15-strahlige Dolden.*

➔ Merkmale anders: ➔ **35**

---

35. Lederige Blätter unterseits auffällig netzaderig, am Rand spitz und fast stechend gesägt; Blattstiel seitlich zusammengedrückt; schwarzer Haarschopf am Grunde des runden, fein gerillten und markigen Stängels; aromatischer Duft; Trockenhänge und lichte Wälder auf trockenwarmen, kalkhaltigen Standorten; 80-150 cm; VII-IX: **Hirschwurz *(Peucedanum cervaria)*** S. 85

→ Hülle und Hüllchen vielblättrig und rückwärtsgerichtet; 10-25-strahlige Dolde; 2-3-fach gefiederte Blätter mit rechtwinklig und „sparrig“ abstehenden und oft abgeknickten Teilfiedern; runder, fein gerillter, markiger Stängel; trockene Wiesen, trockenwarme Gebüsche und Bergwälder; 30-100 cm; VII-IX: **Berg-Haarstrang *(Peucedanum oreoselinum)*** S. 82

Der ähnliche ***Venezianer Haarstrang (Peucendanum venetum)*** *ist eine südeuropäische Gewürzpflanze mit etwas schmaleren Fiederblättchen, kantig gefurchtem, hohlem Stängel und 6-15-strahligen Dolden.*

Berg-Haarstrang, Hülle (oben) Fiederblättchen (unten)

---

36. (33) Blüten gelb; besenartig verzweigte, schmale, steife Blätter; Blüten gelb; wenige, oft früh abfallende Hüllblätter; Hüllchen vorhanden; Halbtrockenrasen, lichte Wälder und Säume auf kalkreichen und trockenen, aber meist zeitweise wasserzügigen Böden, häufiger entlang der Stromtäler, im Norden fehlend; 60-200 cm; VII-IX: **Echter Haarstrang *(Peucedanum officinale)*** S. 81

Seltene Arten wie der ***Elsässer (Peucedanum alsaticum), Quirl- (Peucedanum verticillare)*** *und* ***Sand-Haarstrang (Peucedanum arenarium)*** *haben ebenfalls gelbliche Blüten.*

→ Merkmale anders: → **37**

---

37. Blätter 1-2-fach gefiedert, teils mit fiederschnittigen Abschnitten; Dolden mit 5-10 meist ungleich langen Strahlen; Frucht breit geflügelt; trockenwarme Wegränder, Wiesen und Gebüsche auf Kalk; 30-100 cm; VII-IX: **Kümmelblättriger Haarstrang *(Peucedanum carvifolia)*** S. 85

Wie der Name bereits vermuten lässt, ähneln die Blätter denen des ***Wiesen-Kümmels*** *(s. S. 46). Sie können auch mit denen von* ***Wiesensilge*** *(Nr. 16 und S. 96),* ***Preußischem Laserkraut*** *(S. 71) oder* ***Erdkastanie*** *(Nr. 41) verwechselt werden.*

Echter Haarstrang, Hüllchen

Meisterwurz

→ Blätter 3-zählig mit tief 3-zähligen Fiedern; Blattstiel rundlich bis kantig; Dolde mit 20-50 Strahlen; Hüllchen borstlich behaart; Wiesen und Hochstaudenfluren meist auf Kalk; 30-100 cm; VI-VIII: **Meisterwurz *(Peucedanum ostruthium)*** S. 83

*Die grob gefiederten Blätter erinnern an die von **Giersch** (s. S. 26) oder **Engelwurz** (s. S. 34). Letztere Gattung hat mehrfach gefiederte und nicht dreizählige Blätter.*

*Das seltene **Engelwurz-Laserkraut (Laserpitium archangelica)** hat mehrfach 3-zählige Blätter und einen vor allem an den Knoten behaarten Stängel.*

Preußisches Laserkraut

38. (32) Frucht behaart; Blätter am Rand behaart und mit dunkler Spitze; kantiger Stängel borstig behaart; Hülle und Hüllchen hautrandig; Wechselfeuchtezeiger auf Wiesen und in Gebüschen der Mittelgebirge und Alpen, kalkmeidend; 30-100 cm; VII-IX: **Preußisches Laserkraut *(Laserpitium prutenicum)*** Nr. 21 und S. 71

Diese Art ist die einzige mit behaarten Früchten, außerdem sind die Früchte auf den Rippen breit geflügelt (s. auch Foto S. 114).

→ Merkmale anders: → **39**

Breitblättriges Laserkraut

39. 1-2-fach gefiederte Blätter mit lang gestielten, 3-zähligen sehr großen und breit eiförmigen Abschnitten, am Grunde herzförmig und am Rand gekerbt bis gesägt, zerrieben aromatisch duftend; Stängel mit verdickter Rübe und Faserschopf; Dolden 20-40-strahlig; mit Hülle und Hüllchen; kahle Früchte bis 12 mm lang, mit breit geflügelten Rippen; sonnige, trockene Rasen, Gebüsche und lichte Trockenwälder in Bergregionen auf Kalk; 60-150 cm; VI-VIII: **Breitblättriges Laserkraut *(Laserpitium latifolium)*** S. 69

Die Blätter ähneln Rosskümmel (Nr. 44).

→ Merkmale anders: → **40**

40. Graugrüne, etwas steife bis sparrige Blätter 2-3-fach gefiedert mit sehr feinen Blattzipfeln, unterseits und auf den Rippen behaart; Hüll- und Hüllchenblätter mit bewimpertem Hautrand; trockenwarme Hänge der Alpen auf kalkarmen Gebirgsrasen; 15-60 cm; VI-VII: **Hallers Laserkraut *(Laserpitium halleri)*** S. 71

*Die **Alpen-Augenwurz (Athamanta cretensis)** sieht von der Gestalt her ähnlich aus, ist jedoch mit 15-30 cm Größe etwas kleiner, dicht grau behaart und hat Dolden mit 5-12 Döldchen sowie behaarte und ungeflügelte Früchte.*

➡ Große, etwas lederige, kahle Blätter 3-4-fach gefiedert, mit schmal-ovalen, ganzrandigen Blattfiedern; zerrieben eher unangenehm duftend; fein gerillter Stängel am Grunde mit Faserschopf; Pionierpflanze auf steinigen Halden und in sonnigen Gebüschen, auch auf Rasen- und an Krautsäumen auf kalkhaltigen Standorten; 30-150 cm; VI-VIII: **Berg-Laserkraut *(Laserpitium siler)*** S. 70

*Die Blätter erinnern an die sparrigeren von **Berg-Haarstrang** (Nr. 35 und S. 82) oder **Wiesensilge** (Nr. 16 und S. 96).*

Hallers Laserkraut

Berg-Laserkraut

---

41. (31) Hüllchenblätter einseitswendig, d.h. nur an der äußeren Seite der Döldchen; ungeflügelte Frucht mit wellig gekerbten Rippen; Stängel kahl und bläulich bereift, an der Basis oft gefleckt; Pflanze übelriechend; tödlich giftig! Hecken, Wegränder; 80-180 cm; VI-IX: **Gefleckter Schierling *(Conium maculatum)*** S. 54

➡ Fruchtrippen nicht gewellt; 10-20 Döldchen mit mehrblättrigen Hüllchen; Blätter 2-3-fach gefiedert, mit elliptisch-lanzettlichen Abschnitten; Stängel markig, oben ästig verzweigt, am Grund mit bis zu 4 cm dicker, dunkelbrauner Knolle; Äcker, Wegränder und Trockenrasen auf Kalk; 30-100 cm; VI-VII: **Knollenkümmel / Gewöhnliche Erdkastanie *(Bunium bulbocastanum)***

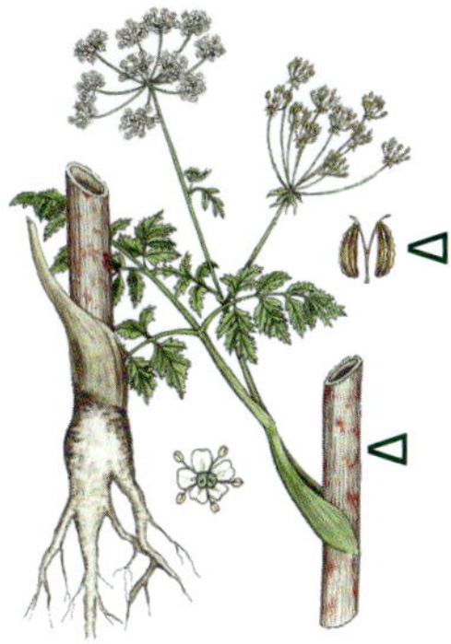

Gefleckter Schierling

Giersch

Meisterwurz

Rosskümmel

42. (25) Blätter einfach 3-zählig oder jede dieser 3 Fiedern nochmals 3-zählig gefiedert (doppelt dreizählig, s. Giersch, Meisterwurz und Rosskümmel): ➞ **43**

➞ Blätter einfach bis mehrfach gefiedert, jedoch nicht 3-zählig: ➞ **45**

---

43. Dolde 10-20-strahlig; Hüllchen fehlend; Frucht ohne Flügel; Blattstiel auffallend 3-kantig; Blätter „doppelt 3-zählig", dabei Fiedern aber oft nur zweigeteilt und einem Ziegenfuß ähnlich; unterirdische Ausläufer; feuchte Gebüsche, Wegränder; 50-90 cm; V-IX: **Giersch *(Aegopodium podagraria)*** S. 26

➞ Merkmale anders: ➞ **44**

---

44. Blätter 3-zählig mit 3 tief 3-zähligen, ± spitz endenden Fiedern; Blattstiel rundlich bis kantig; Dolde 20-50-strahlig; Blüten weiß oder rosa; Hüllchen borstlich; linsenförmige Frucht breit geflügelt; Wiesen und Hochstaudenfluren, meist auf Kalk; 30-100 cm; VI-VIII: **Meisterwurz *(Peucedanum ostruthium)*** S. 83

➞ Blätter 3-mal 3-zählig gefiedert mit rundlichen Fiederblättern; Stängel bläulich bereift, kahl und fein gerillt; eiförmige, kahle Früchte mit mehreren Rippen; Hülle und Hüllchen fehlend oder wenigblättrig und früh abfallend; relativ seltene Pflanze buschiger Berghänge auf kalkhaltigen oder lehmigen Böden der Mittelgebirge und Alpen; 60-120 cm; V-VI: **Rosskümmel *(Laser trilobum)*** S. 68

---

45. (42) Blätter einfach gefiedert, Blattfiedern breit rhombisch, 3-spaltig, Kulturformen können auch mehr als 2-fach gefiedert sein; Hülle und Hüllchen fehlen; selten an Salzstellen im Binnenland, Kulturpflanze; 30-100 cm; VI-X: **Sellerie *(Apium graveolens)*** S. 39

*Der **Aufrechte** und **Breitblättrige Merk** (Nr. 27, S. 42) sehen den Arten der Gattung Sellerie recht ähnlich, sie besitzen jedoch eine Hülle.*

→ Merkmale anders → **46**

46. Frucht rundlich, linsenförmig, eiförmig oder kugelig; höchstens doppelt so lang wie breit: → **56**

→ Frucht länglich, d.h. reif 2-6-mal so lang wie breit: → **47**

47. Blätter zottig behaart; 2-4-fach fiederschnittig; Pflanze beim Zerreiben stark riechend, süßlich und etwas anisartig; bis 2,5 cm lange Frucht reif glänzend dunkelbraun, scharf gerippt und an den Kanten kurz borstenhaarig; Hochstaudenfluren, aus Kulturen verwildert; 60-150 cm; V-VII: **Süßdolde *(Myrrhis odorata)*** Nr. 19, 83 und S. 76

Die Süßdolde wird gerne in Duftgärten gepflanzt, an ihrem Geruch und Geschmack ist sie leicht zu erkennen, auch wenn die typischen Früchte fehlen.

→ Merkmale anders: → **48**

48. Stängel kahl; Pflanze mit Kümmelgeruch; Grundblätter 2-3-fach gefiedert; „Kümmelkreuz"; Wurzeln rübenförmig; Wiesen, Wegränder; 30-80 cm; V-VII: **Wiesen-Kümmel *(Carum carvi)*** Nr. 73, 84 und S. 46

Das sog. "Kümmelkreuz" bedeutet, dass die unteren Fiedern 2. Ordnung kreuzweise gestellt sind. Dieses findet man ebenfalls bei ***Berg-Heilwurz*** *(s. S. 94) und nicht ganz so deutlich ausgeprägt auch bei* ***Alpen-Mutterwurz*** *(s. S. 73).*

→ Merkmale anders: → **49**

49. Frucht zur Spitze hin verjüngt; im oberen Teil (nur dort) mit 10 Rippen: **Kerbel *(Anthriscus)***: → **50**

Um dieses Merkmal zu erkennen ist es wichtig, die Frucht ganz genau – d.h. mit einer guten Lupe zu betrachten!

Süßdolde

Wiesen-Kümmel

Wiesen-Kerbel

Knolliger Kälberkropf

Glänzender Kerbel

Wiesen-Kerbel

→ Frucht zur Spitze hin nicht schmaler zulaufend, auf der ganzen Fläche mit Rippen oder ganz ohne Rippen; Stängel im unteren Teil stark borstig behaart; Blätter überwiegend mehrfach und fein gefiedert: **Kälberkropf** ***(Chaerophyllum)*** **→ 52**

Der ***Gewürz-Kälberkropf (Chaerophyllum aromaticum)*** *gehört auch in diese Gattung, wird wegen der grob gefiederten Blätter aber eher mit Engelwurz oder Giersch verwechselt, als mit anderen Kälberkropf-Arten. Er ist in schattigen und feuchten Wäldern und an Bachufern zu finden.*

---

50. Dolden überwiegend mit 2-6 Döldchen; Doldenstrahlen flaumig behaart; der Duft der Pflanze erinnert an Anis; einjährige Gartenpflanze; 20-70 cm; V-VIII: **Garten-Kerbel** ***(Anthriscus cerefolium)***

→ Merkmale anders: **→ 51**

---

51. Früchte kaum so lang wie ihr Stiel; Stängel überwiegend kahl; Blätter doppelt 3-zählig gefiedert und auf der Unterseite stark glänzend; die untere Fieder ist fast so groß wie das gesamte übrige Blatt; Schluchtwälder, Säume und Staudenfluren der Mittelgebirge und Alpen; 60-80 cm; VI-VIII: **Glänzender Kerbel** ***(Anthriscus nitidus)*** S. 38

→ Früchte länger als ihr Stiel; Stängel kantig gefurcht; Hüllchen mehrblättrig und behaart; die untere Fieder ist deutlich kleiner als das übrige Blatt; formenreich; Wiesen, Wegränder, Gebüsche; 60-150 cm; IV-VIII: **Wiesen-Kerbel** ***(Anthriscus sylvestris)*** S. 36

---

52. (49) Blütenblätter und Hüllchen am Rand bewimpert; Stängel unter den Knoten nicht deutlich verdickt: **→ 53**

Um die Haare am Rand der Blütenblätter zu erkennen bedarf es einer guten Lupe!

→ Blütenblätter kahl: **→ 54**

53. Blätter mit großem Fiederblättchen I. Ordnung, das fast so groß ist wie das übrige Blatt; feuchte Bergwälder; V-VIII: **Behaarter Kälberkropf *(Chaerophyllum hirsutum)*** S. 51

➡ Blattstiel und auf den Unterseiten der Blätter borstig behaart; Fiederblättchen I. Ordnung kleiner; Hochstaudenfluren im Alpenraum; 50-120 cm; V-VIII: **Gebirgs- / Alpen-Kälberkropf *(Chaerophyllum villarsii)*** S. 51

Diese beiden ähnlichen Arten unterscheiden sich vor allem an der borstigen Behaarung, die beim ***Gebirgs-Kälberkropf*** *an Blattstiel und auf den Unterseiten der Blätter zu finden ist, diese fehlt dem* **Behaarten Kälberkropf.** *Während letzterer recht häufig auf feuchten Wiesen und in Bergwäldern der Alpen und Mittelgebirge zu finden ist, beschränkt sich das Vorkommen des* ***Gebirgs-Kälberkropfes*** *auf den Alpenraum.*

Behaarter Kälberkropf

---

54. (52) Hüllchen bewimpert: ➡ **55**

Um die Haare am Rand der Hüllchenblätter zu erkennen ist eine Lupe ratsam. Wichtig ist es auch, die Hülle nicht mit dem Hüllchen zu verwechseln!

➡ Hüllchen kahl, teils einseitswendig; Stängel unter den Knoten verdickt; Pflanze unangenehm riechend; Flussufer, feuchte Wälder; 80-180 cm; VI-VIII: **Knolliger Kälberkropf *(Chaerophyllum bulbosum)*** S. 49, Foto s. Nr. 49

Der Stängel ist im oberen Teil bereift und kahl und wird dann zur Basis hin immer stärker borstig behaart.

Alpen-Kälberkropf

---

55. Blätter 2-3-fach gefiedert, mit stumpfen, eiförmigen Endabschnitten; Gebüsche, Waldränder; 30-100 cm; V-VII: **Taumel-Kälberkropf *(Chaerophyllum temulum)*** S. 50

Diese Art ist von der gesamten Gestalt her zierlicher als die übrigen Kälberkropf-Arten und hat rundlichere Blattspitzen. Der Stängel ist den anderen Arten ähnlich und auch borstig behaart.

Taumel-Kälberkropf

Gold-Kälberkropf

Alpen-Mutterwurz

Wiesen-Bärenklau

→ Blätter 3-4-fach gefiedert; aromatischer Geruch nach Zitrusfrüchten; Stängel borstig behaart, unter den Knoten leicht verdickt und oft rot überlaufen; 12-18-strahlige Dolden vor der Blüte oft nickend; Wiesen, Gebüsche und Wegränder der Mittelgebirge und Alpen; 60-130 cm; VI-VII: **Gold-Kälberkropf / Goldfrüchtiger Kälberkropf** ***(Chaerophyllum aureum)*** S. 48

Der aromatische Duft ist ein gutes Erkennungsmerkmal für den Gold-Kälberkropf.

---

56. (46) Hülle mit 1-3 Blättchen; 10-15-strahlige Dolde; Blätter 2-fach gefiedert mit ca. 1 mm breiten Abschnitten; bis 10 cm lang; mit Faserschopf am Stängelgrund; Frucht mit schmal geflügelten Rippen; Matten und Magerrasen der Alpen ab 1300 m Höhe auf eher sauren Standorten; 10-50 cm; VI-VIII: **Alpen-Mutterwurz** ***(Ligusticum mutellina)*** S. 73

Ähnlich ist die ***Kleine Mutterwurz (Ligusticum mutellinoides,*** *s. Nr. 29) mit mehrblättriger Hülle und ohne Faserschopf.*

→ Merkmale anders: → **57**

---

57. Rundliche, zusammengedrückte, kahle Früchte, die meist am Rand geflügelt sind; Hülle und Hüllchen können fehlen oder vorhanden sein, gefiedert sind sie nie, jedoch häufig zurückgeschlagen: **Haarstrang** ***(Peucedanum)*** → **33**

→ Merkmale anders: → **58**

---

58. Hüllchen fehlend oder 1-2-blättrig: → **73**

→ Hüllchen 3-8-blättrig: → **59**

---

59. Blattstiel, Blätter und Stängel borstig behaart; gefiederte Blätter mit groben Abschnitten; Blattscheiden bauchig aufgeblasen; Randblüten meist vergrößert; Wege, Wiesen, Wälder; 50-150 cm; VI-X: **Wiesen-Bärenklau** ***(Heracleum sphondylium)*** Nr. 22 und S. 66

→ Merkmale anders: → **60**

60. Kelch ± deutlich 5-zähnig, Kelchzähne zuweilen ungleich groß: → **61**

→ Kelch undeutlich 5-zähnig oder nur als Saum ausgebildet: → **64**

61. Blattfiedern schmal-lanzettlich und scharf gesägt, bis 6 cm lang; Stängelbasis rhizomartig, hohl und aromatisch riechend, durch Querwände gekammert; Kelchzähne zuweilen ungleich groß; Sumpfpflanze der Verlandungszone; 60-120 cm; VII-IX: **Wasserschierling** *(Cicuta virosa)* S. 52

→ Merkmale anders: → **62**

62. Blattfiedern fein und / oder nicht groß; Stängel und Blattstiele oft röhrig aufgeblasen; Sumpfpflanzen: **Wasserfenchel / Pferdesaat** *(Oenanthe)* → **63**

→ Blattfiedern groß und scharf gesägt; Frucht geflügelt: **Engelwurz** *(Angelica)* → **67**

63. Blatt- und Doldenstiele röhrig hohl, runder Stängel fein gerillt; Dolden 2-4-strahlig; Ufer und Gräben; 30-60 cm; V-VII: **Röhren-Wasserfenchel** *(Oenanthe fistulosa)* S. 77

→ Haarfeine Unterwasserblätter und oberhalb der Wasseroberfläche ungeteilt oder 2-3-spaltige Blätter; bei der Landform ist der Stängel aufrechter als bei im Wasser wachsenden Formen; 60-150 cm; VI-VIII: **Gewöhnlicher Wasserfenchel** *(Oenanthe aquatica)* S. 77

64 (60). Hüllchenblätter 3, einseitswendig; Blätter besonders unterseits dunkelgrün glänzend, beim Zerreiben unangenehm riechend; Gebüsche, Äcker, Auwälder; 10-120 cm; VI-X: **Hundspetersilie** *(Aethusa cynapium)* S. 28

→ Merkmale anders: → **65**

Wasserschierling

Röhren-Wasserfenchel

Hundspetersilie

Bärwurz

65. Blätter haarfein, besonders beim Zerreiben angenehm aromatisch duftend; Hüllchen 3-8-blättrig; Frucht ungeflügelt; kalkmeidende Pflanze der Wiesen und Weiden in den Alpen und Mittelgebirgen; 30-60 cm; V-VIII: **Bärwurz *(Meum athamanticum)*** S. 74

➞ Merkmale anders: ➞ **66**

---

66. Blattfiedern groß (1,5 bis 3 cm breit) und scharf gesägt; Blätter aromatisch duftend (zerreiben); Frucht geflügelt: **Engelwurz** *(Angelica)* ➞ **67**

➞ Merkmale anders: ➞ **69**

Wald-Engelwurz

67. (66 und 62) Stängel kantig gefurcht; Blätter meist mehr als 2-3-fach gefiedert; Kelchzähne deutlich sichtbar; seltene Art der Feuchtwiesen und Sümpfe; 50-150 cm; VII-VIII: **Sumpf-Engelwurz *(Angelica palustris)***

➞ Stängel wenigstens an der Basis rundlich; Blätter 2-3-fach gefiedert: ➞ **68**

---

68. Blattstiel oberwärts rinnig; Blüten weißlich; Doldenstiele flaumig behaart; feuchte Wiesen, Wegränder, Auwälder, Flachmoore; 80-150 cm; VII-IX: **Wilde / Wald-Engelwurz *(Angelica sylvestris)*** S. 34

*Die **Wald-Engelwurz** kann man an den weißlichen Blüten leicht von der **Echten Engelwurz** unterscheiden. Im blütenlosen Zustand kann man beide Arten an den Blattstielen erkennen, da sie bei der **Wald-Engelwurz** rinnig gefurcht und bei **Echten Engelwurz** rund und hohl sind.*

Echte Engelwurz

➞ Blattstiel rund und hohl; Blüten gelblich-grün; Doldenstiele nur zur Spitze hin behaart; ganze Pflanze stark aromatisch duftend und schmeckend; feuchte Wiesen und Ufer; 120-250 cm; VII-VIII: **Echte Engelwurz *(Angelica archangelica)*** S. 32

*An der Blütenfarbe kann man sie leicht vom ebenso imposanten **Riesen-Bärenklau** (s. S. 64) unterscheiden.*

69. (66) Blätter 2-3-fach gefiedert mit feinen Abschnitten und weißem Spitzchen; markiger Stängel mit nahezu geflügelten Kanten (besonders im oberen Bereich); Dolden 15-20-strahlig; Frucht mit 10 schmal geflügelten Rippen, die seitlichen sind breiter als die auf der Fläche (dem Rücken der Frucht); feuchtes Grünland und Moorwiesen; 40-80 cm; VII-IX: **Kümmel-Silge *(Selinum carvifolia)*** S. 93

*Die Blätter erinnern an **Wiesen-Kümmel,** doch fehlt ihnen das typische „Kümmelkreuz" (s. S. 46). Auch die des **Sumpf-Haarstranges** (s. S. 84), des **Preußischen Laserkrautes** (s. S. 71) und des **Kümmelblättrigen Haarstrangs (Peucedanum carvifolia)** sehen ähnlich aus.*

*Die 2-jährige **Brenndolde (Selinum dubium)** wächst ebenfalls auf Moorwiesen. Ihre Dolden sind 20-30-strahlig und der Stängel ist hohl. Auch die seltene **Brennsaat (Selinum silaifolium)** hat einen markigen Stängel. Sie besitzt jedoch 30-40-strahlige Dolden und ihre Früchte sind ungeflügelt.*

Kümmel-Silge

→ Merkmale anders: **Sesel *(Seseli)* → 70**

*Die Arten der Gattung Sesel werden auch **Berg-** oder **Steppenfenchel** genannt. Die rundlichen Früchte können kahl oder behaart sein. Eine Hülle kann vorhanden sein oder nur aus wenigen, früh abfallenden Blättern bestehen. Das Hüllchen ist überwiegend mehrblättrig.*

---

70. (69 und 24) Früchte eiförmig, gerippt und kurz behaart; Blätter mit „Kümmelkreuz"; stark kantig gefurchter Stängel mit Faserschopf; Blattzipfel mit weißen Stachelspitzchen; Dolden 20-40-strahlig; Hülle und Hüllchen zahlreich; lockere Sand- und Felsrasen auf kalkhaltigen Böden; 30-120 cm; VII-IX: **Berg-Heilwurz *(Seseli libanotis / Libanotis pyrenaica)*** S. 94

*Durch das „Kümmelkreuz" sieht diese Art dem **Wiesen-Kümmel** (s. S. 46) besonders ähnlich, hat aber nicht dessen Geruch.*

Berg-Heilwurz

Berg-Sesel

Wiesen-Kümmel

Kleine Bibernelle

→ Merkmale anders: → **71**

71. Hüllchen becherförmig verwachsen; blaugrüne Blätter mit schmal linealischen Abschnitten; Trockenrasen und Felsen auf Kalk; 15-50 cm; VII-VIII: **Pferde-Bergfenchel** ***(Seseli hippomarathrum)*** S. 95

→ Merkmale anders: → **72**

72. Dolden 5-12-strahlig; kahle Frucht ca. 3,5 mm lang; Blätter und Stängel kahl; Trockenrasen auf Kalk; 20-60 cm; VII-IX: **Berg-Sesel** ***(Seseli montanum)*** S. 95

→ Dolden 15-30-strahlig; kahle Frucht ca. 2 mm lang; Blätter und Stängel flaumhaarig; Hüllchenblätter mit häutigem Rand; Magerrasen auf Kalk; 20-90 cm; VII-X: **Einjähriger Sesel** ***(Seseli annuum)*** S. 95

73. (58) Grundblätter doppelt bis 3-fach gefiedert, unterste Fieder kreuzweise gestellt „Kümmelkreuz"; Pflanze mit Kümmelgeruch; rübenförmige Wurzeln; Gewürzpflanze; auf Wiesen und an Wegrändern; 30-80 cm; V-VII: **Wiesen-Kümmel** ***(Carum carvi)*** Nr. 48, 84 und S. 46

→ Grundblätter einfach gefiedert: **Bibernelle** ***(Pimpinella)*** → **74**

Der Name Bibernelle wird auch für den ***Wiesenknopf,*** *ein Rosengewächs, verwendet. Beide haben einfach gefiederte Grundblätter mit rundlichen Einzelfiedern – an den Blütenständen sind beide leicht zu unterscheiden .*

74. Stängel kantig gefurcht und bis zur Spitze beblättert; Wiesen, Gebüsch; 40-100 cm; VI-IX: **Große Bibernelle** ***(Pimpinella major)*** S. 87, Foto s. S. 129

→ Stängel stielrund und fein gerillt, spitzenwärts fast blattlos; formenreich; Magerwiesen, Raine; 30-60 cm; VII-IX: **Kleine Bibernelle** ***(Pimpinella saxifraga)*** S. 88

75. **(1)** Blüten gelb-grünlich: → **76**

→ Blüten weiß: → **80**

---

76. Blätter mit überwiegend haarfeinen Fiederblättchen: → **77**

→ Merkmale anders: → **78**

---

77. Früchte breit geflügelt, linsenförmig; Blattscheiden kurz, kaum über 2 cm lang; Stängel weiß gestreift; Dolden bis 50-strahlig; Hülle und Hüllchen fehlen; Küchenkraut aus Vorder-Asien; 20-45 cm; VII-VIII: **Dill *(Anethum graveolens)*** Nr. 17 und S. 31

→ Zylindrische, ungeflügelte Frucht mit stumpfen, breiten Rippen; Blattscheiden 3-6 cm lang; bläulich bereifte Pflanze; Dolden 10-25-strahlig; Hülle und Hüllchen fehlen; 80-180 cm; VII-IX: **Fenchel *(Foeniculum vulgare)*** Nr. 17 und S. 63

Diese beiden Arten kann man auch an ihrem Geruch und Geschmack unterscheiden.

---

78. **(76)** Blätter einfach gefiedert mit 3-7 Paaren, am Rand ungleich gekerbt; Stängel ± kantig; Hüllchen fehlend oder 1-2-blättrig; Wiesen, Trockenhänge, auch Kulturpflanze; 30-100 cm; VII-VIII: **Pastinak *(Pastinaca sativa)*** Nr. 15 und S. 78

→ Merkmale anders: → **79**

---

79. Lang gestielte Blätter 2-3-fach gefiedert mit rhombischen Teilblättern mit wenigen großen Zähnen, nach Maggi (Curry) duftend; Wurzeln teils fleischig verdickt; bis über 20 cm breite Dolden; ausdauernd oder mehrjährig, aber nur 1x blühend; 1,5-2 m; VII-VIII: **Liebstöckel *(Levisticum officinale)*** S. 72

→ 8-15-strahlige Dolden; charakteristischer Geruch; Blätter je nach Sorte kraus oder glatt; Blätter 2-3-fach gefiedert; VI-VII: **Petersilie *(Petroselinum crispum)*** S. 80

Dill

Fenchel

Pastinak

Liebstöckel

Petersilie

Die Fotos der Früchte sind auf dem linken Bild in Originalgröße abgebildet.

Koriander

80. (75) Blätter einfach gefiedert: → **81**

→ Blätter 2- bis mehrfach gefiedert: → **83**

81. Randblüten stark vergrößert; fein zerteilte, kahle Blätter; kugelige, kleine Früchte; einjährig; 30-90 cm; VI-VII: **Koriander** ***(Coriandrum sativum)*** S. 56

→ Merkmale anders: → **82**

Anis

82. Ungeteilte, rundlich bis herzförmige Grundblätter und gefiederte Stängelblätter; ganze Pflanze aromatisch duftend; 7-15-strahlige Dolden; 10-60 cm; VII-VIII: **Anis** ***(Pimpinella anisum)*** S. 86

→ Blattfiedern breit rhombisch, 3-spaltig; Hülle und Hüllchen fehlen; selten an Salzstellen im Binnenland; 30-100 cm; VI-X: **Sellerie** ***(Apium graveolens)*** Nr. 45 und S. 39

Sellerie

83. (80) Pflanze anisartig riechend; bis 2,5 cm lange Frucht reif glänzend, an den Kanten borstig; Hochstaudenfluren, oft aus Gärten verwildert; 60-150 cm; V-VII: **Süßdolde** ***(Myrrhis odorata)*** Nr. 19, 47 und S. 76

→ Merkmale anders: → **84**

Süßdolde

84. Blätter 2-3-fach gefiedert; mit „Kümmelkreuz" und kümmelartigem Geruch; Stängel kahl; Wurzeln rübenförmig; Wiesen, Wegränder; 30-80 cm; V-VII: **Wiesen- / Echter Kümmel** ***(Carum carvi)*** Nr. 48, 73 und S. 46

→ Merkmale anders: → **85**

Wiesen-Kümmel

85. Blätter 2-3-fach gefiedert; borstige Früchte; Pfahlwurzel; 50-120 cm; V-VII: **Karotte / Möhre** ***(Daucus carota ssp. sativus)*** S. 57

→ Dolden überwiegend mit 2-6 Döldchen; Doldenstrahlen flaumig behaart; der Duft der Pflanze erinnert an Anis; einjährig; 20-70 cm; V-VIII: **Garten-Kerbel** ***(Anthriscus cerefolium)*** Nr. 50 und S. 38

Die Fotos der Früchte sind auf dem linken Bild in Originalgröße abgebildet.

Große Bibernelle
Pimpinella major

Index

A

B

C

T

U

V

W

Z

Literatur

DÜLL, R., KUTZELNIGG, H. (2016): Taschenlexikon der Pflanzen Deutschlands und angrenzender Länder: Die häufigsten mitteleuropäischen Arten im Portrait. Quelle & Meyer Verlag

EGGENBERG S. & A. MÖHL (2013): Flora Vegetativa: Ein Bestimmungsbuch für Pflanzen der Schweiz im blütenlosen Zustand. Haupt Verlag

FLEISCHHAUER, S. G. (2013): Enzyklopädie der essbaren Wildpflanzen. AT-Verlag

GENAUST, H. (2005): Etymologisches Wörterbuch der botanischen Pflanzennamen. Nikol Verlag

LAUBER, K., G. WAGNER & A. GYGAX (2018): Flora Helvetica. Haupt Verlag

ROTH, L., M. DAUNDERER & K. KORMANN (2008): Giftpflanzen – Pflanzengifte. Nikol Verlag

ROTHMALER, W. (1994-2016): Exkursionsflora von Deutschland. Bde. 1-4 und Atlasband: Spektrum-Akademischer Verlag

SCHMEIL-FITSCHEN (2019): Die Flora Deutschlands und angrenzender Länder. Quelle & Meyer Verlag

SEYBOLD, S. (2005): Die wissenschaftlichen Namen der Pflanzen und was sie bedeuten. Ulmer Verlag

WEYMAR, H. (1966): Buch der Doldengewächse, Neumann-Verlag

App

Flora Helvetica, App für iOS und Android, Haupt Verlag

http://www.flora-helvetica.ch/app

Weitere Bücher und Apps der Autoren

Pflanzenbücher

LÜDER, R. & F. (2021): Wildpflanzen zum Genießen... ...für Gesundheit, Küche, Kosmetik und Kreativität. Kreativpinsel-Verlag

LÜDER, R. & F. (2023): Wildpflanzen zum Genießen... ...für unterwegs. Kreativpinsel-Verlag

LÜDER, R. (2022): Grundkurs Pflanzenbestimmung. Quelle & Meyer

LÜDER, R. (2021): Grundkurs Gehölzbestimmung. Quelle & Meyer

LÜDER, R. (2019): Bäume bestimmen – Knospen, Blüten, Blätter, Früchte. Haupt Verlag

LÜDER, R. (2022): Grundlagen der Feldbotanik. Haupt Verlag

Pilzbücher

LÜDER, R. (2022): Grundkurs Pilzbestimmung. Quelle & Meyer

LÜDER, R. (2023): Pilze sammeln leicht und sicher. blv Verlag

LÜDER, R. & F. (2022): Pilze zum Genießen...Das Familien-Pilzbuch für Küche, Kreativität und Kinder. Kreativpinsel-Verlag

Apps

LÜDER, R. & F. (2016): Wildpflanzen zum Genießen... für Gesundheit, Küche, Kosmetik und Kreativität, für iOS und Android. Kreativpinsel

LÜDER, R. & F. (2024): Pilze zum Genießen... für Küche, Kreativität und Kinder, für iOS und Android. Kreativpinsel

LÜDER, R. (2018): Feldbotanik, der Artentrainer für über 700 Arten, für iOS und Android, Haupt Verlag

Kinderbücher

LÜDER, R. & A. BEERMANN (2004): Die kleine Hexe Duftnäschen. Echinomedia Verlag

LÜDER, R. & A. BEERMANN (2020): Das Geheimnis des Bibersees. Kreativpinsel-Verlag

LÜDER, R. & M. F. HOHBERGER, (2016): Selfie mit Löwenzahn. Entdecke die Natur mit Smartphone und Tablet. Haupt Verlag

LÜDER, R. & F. (2015): Die geheimnisvolle Welt der Pilze. Das Natur-Mitmachbuch für Kinder. Haupt Verlag

Pflanzen und Pilze – untrennbar verbunden

Ohne Pilze geht es nicht, egal in welchem Lebensraum wir uns befinden. Pilze sind diejenigen, die den gesamten ökologischen Kreislauf am Leben erhalten.

Zentraler Umschlagplatz

Als „Müllabfuhr des Waldes" verwandeln sie alles verrottende Material im Wald wie Laub, Äste und Nadeln wieder in Humus. Holz ist vor allem aus Lignin aufgebaut. In vielen kleinen Schritten wird es wieder zu verwertbarer Nahrung für die Pflanzen. Der erste Schritt dabei ist nur den Pilzen möglich, danach können Bakterien etc. dies auch weiter abbauen. Selbst Insekten, die im Holz leben oder dies verdauen, haben Pilze als „Helfer" in ihrem Darm.

Unsichtbar verborgen – und doch überall

Ein Hektar (10 000 m^2) Waldboden enthält ca. 445 kg Pilztrockenmasse, 7 kg Bakterien und 36 kg Kleintiere – also um ein Vielfaches mehr Pilze als andere Organismen! Und jeder, der schon einmal Pilze getrocknet hat, weiß, dass die Trockenmasse nur ein Bruchteil des frischen Pilzgewichtes ausmacht. Doch die einzelnen „Pilzfäden" (Hyphen) sind so fein, dass wir sie mit bloßem Auge kaum wahrnehmen.

Ein eigenes Reich

Pflanze oder Tier – Pilze waren den Menschen lange Zeit ein Rätsel. Heute haben sie die Stellung, die ihrer Bedeutung im Ökosystem entspricht: Sie bilden ein eigenes Reich der Pilze. Neben dem Abbau haben viele Arten weitere wichtige Funktionen. Als „Partnerpilze" (Mykorrhiza) von 95 % aller Pflanzen helfen sie diesen beim Aufbau und vernetzen sie untereinander. Als Schmarotzer stellen sie vermutlich ein wichtiges Regulativ in der Natur dar.

Deutsche Gesellschaft für Mykologie: www.dgfm-ev.de

Das größte Lebewesen der Erde

...ist das unterirdische Pilzgeflecht (Myzel) eines Pilzes namens Hallimasch. Er lebt in Amerika auf einer Fläche von über 880 Hektar (ca. 600 Fußballfelder), ist mindestens 2400 Jahre alt und erreicht ein Gewicht von etwa 600 Tonnen (ca. 150 Elefanten). Dabei bildet dieses gigantische Wesen jedes Jahr viele kleine Fruchtkörper, deren Aufgabe es ist, über die Sporen neue Nachkommen zu bilden – so wie der Apfel Kerne hervorbringt. Stellt man sich einen Pilz also wie einen Apfelbaum vor, entspricht der Baum dem unterirdischen Myzel und die Äpfel den Fruchtkörpern. Pilze werden auch ungefähr so alt wie Bäume.

Poster, Lernkarten und Bestimmungshilfen

sind über den Kreativpinsel-Verlag erhältlich: www.kreativpinsel.de

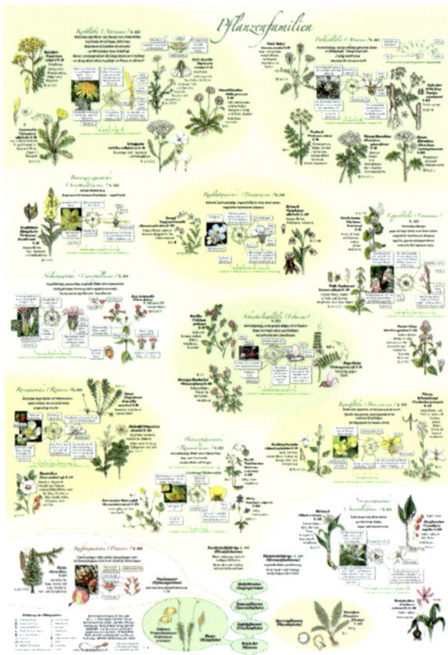

⌃

Poster "Wildpflanzen zum Genießen..."

Nach Lebensräumen gegliedert stehen auf dieser Übersicht die wichtigsten Arten und ihre Verwechslungsmöglichkeiten auf einem Poster. DIN A1, 5,- €.
Versand (gerollt) 6,90 €

«

Poster Pflanzenfamilien

Die wichtigsten Familien und ihre charakteristischen Erkennungsmerkmale. DIN A1, 5,- €.
Versand (gerollt) 6,90 €

Pilz-Memory einmal anders

Steinpilz oder Gallenröhrling? Perl- oder Pantherpilz? An bestimmten Merkmalen kannst du ähnliche Arten auseinanderhalten. Doch welche sind das? Wir haben zu fünf beliebten Speisepilzen ein Kartenset zusammengestellt. Jeder Pilz ist einmal in seinem Lebensraum abgebildet und einmal mit den Detailmerkmalen, ebenso sein Doppelgänger. Welche gehören zusammen? Auf der Rückseite steht die Auflösung. Du kannst die Karten auch verschicken.

16 Postkarten, 7,95 €

Rätselpfade zur Naturbestimmung

Mit diesen Rätselpfaden werden groß und klein spielerisch an die Bestimmung von Pflanzen, Moosen, Gehölzen, Boden- und Wasserlebewesen oder Pilzen herangeführt. Die beliebtesten Wildkräuter bzw. Speisepilze sind ebenso enthalten wie ihre gefürchtetsten Doppelgänger. Der laminierte Rätselpfad ist A5 groß und 3x gefaltet, die untere Hälfte befindet sich auf der Rückseite. 5,- €

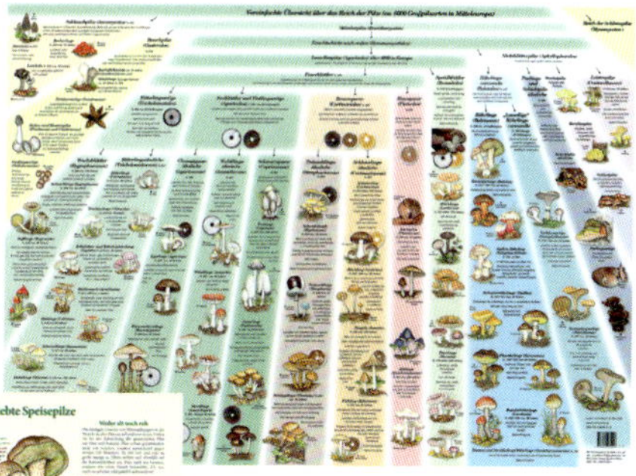

»

Poster Pilzsystematik

DIN A1, 5,- €.
Versand (gerollt) 6,90 €

«

Poster Gift- oder Speisepilze

DIN A2, je 3,- €
Versand (gerollt) 6,90 €

Blüte

Eine vollständige Blüte ist zwittrig und aus verschiedenen Teilen aufgebaut. Allerdings reifen die weiblichen und männlichen Blütenanteile in der Regel nicht gleichzeitig:

Eingeschlechtliche Blüten

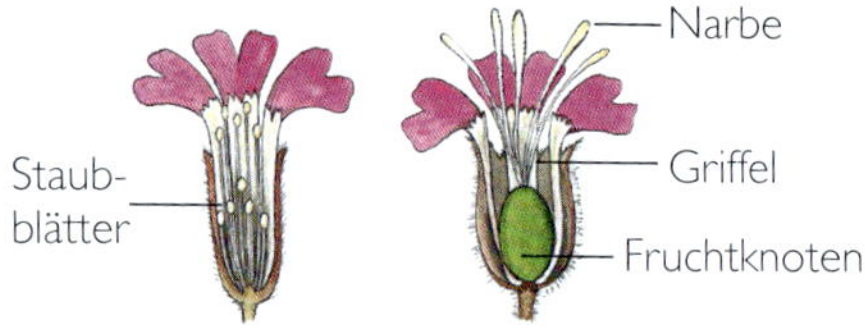

Zwittrige Blüte

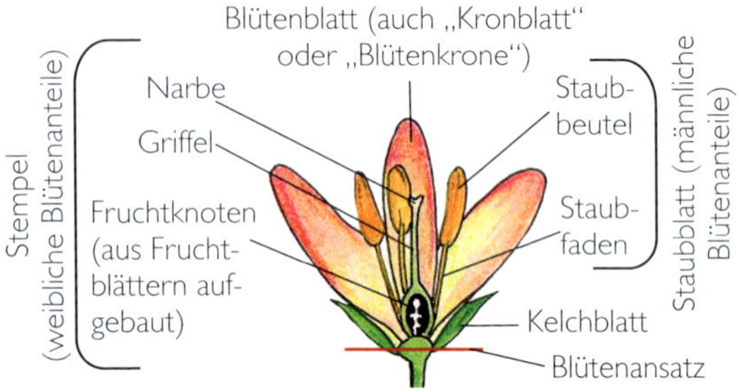

radiär

zygomorph (nur eine Symmetrie-Ebene)

Blatt und Blattstellung

einfach (ungeteilt)

handförmig

3-teilig

einfach gefiedert

mehrfach gefiedert

quirlständig

wechselständig

gegenständig

Erklärung der Piktogramme

- ⊙ einjährige Pflanze
- zweijährige Pflanze
- ♃ ausdauernde Pflanze
- ♄ Gehölz (Strauch / Baum)
- Ⓖ geschützte Pflanze[1]
- einhäusig
- zweihäusig
- aromatischer Geruch
- nicht heimisch[2]
- Färbepflanze
- Kosmetik
- Heilpflanze[3]
- essbar[4]
- eingeschränkt essbar[5]
- giftig[6]
- stark giftig[7]

[1] In jedem Bundesland sind die verschiedenen Pflanzenarten unterschiedlich gefährdet. Mit diesem Piktogramm sind bundesweit geschützte Arten gekennzeichnet.

[2] Dieser Fußabdruck kennzeichnet Pflanzen, die in den letzten Jahrhunderten in Mitteleuropa eingewandert sind, sog. Neophyten. Die bereits im Altertum z.B. mit dem Ackerbau eingewanderten Arten, sog. Archäophyten, gehören nicht dazu.

[3] Hier ist es egal, ob es sich um eine schulmedizinisch anerkannte Heilpflanze handelt oder ob sie in der Homöopathie, Bachblütentherapie o.ä. verwendet wird. Angaben hierzu befinden sich in unserem ausführlichen Buch „Wildpflanzen zum Genießen..." und der entsprechenden App (s. Literatur).

[4] Dieses Piktogramm wird auch für Pflanzen verwendet, wenn nur Teile von ihnen – wie z.B. die Blüten – essbar sind. Dies steht im Text. Hier sind keine Verwechslungsmöglichkeiten mit ähnlichen, giftigen Arten und naturschützerische Belange berücksichtigt, da diese Pflanzen auch im Garten gedeihen.

[5] Diese Pflanzen sind entweder nur in geringer Menge oder nach bestimmter Vorbehandlung (z.B. Erhitzen) genießbar. Es können auch Giftpflanzen sein, die in passender Dosierung heilend wirken.

[6] Diese Pflanzen sind schwach giftig. Häufig handelt es sich dabei um Heilpflanzen, die in der entsprechenden Dosierung gesundheitsfördernde Wirkung zeigen. Hier ist es wichtig, eine gesunde Dosis nicht zu überschreiten.

[7] Diese Pflanzen sind stark giftig. Einige von ihnen sind Heilpflanzen, sie sind für die Selbstmedikation jedoch nicht geeignet.

Immer mehr Menschen möchten sich gesund und natürlich ernähren – Wildkräuter sind voll im Trend. Doch bei keiner anderen Pflanzenfamilie herrscht so viel Unsicherheit, die leckeren und heilsamen Arten von den tödlich giftigen zu unterscheiden. Etwa 50 der in Mitteleuropa heimischen Doldenblütler werden im Portrait vorgestellt. Auf eventuelle Verwechslungsmöglichkeiten wird hingewiesen. Zusätzlich enthält das Buch eine Übersichtstabelle, in der auf einen Blick die wichtigsten Merkmale zum Nachschlagen aufgelistet sind. Mit einem Bestimmungsschlüssel können knapp 100 Doldenblütler bestimmt werden. Im einführenden Teil werden die für diese Familie speziellen Merkmale vorgestellt.

Dr. Rita Lüder ist Biologin und gibt seit vielen Jahren Pflanzen- und Pilzkurse – u.a. zusammen mit ihrem Mann Frank. Ihr gemeinsames Anliegen ist es, auf die Einzigartigkeit und Vielfältigkeit der Schätze der Natur sowie ihrer Verwendungsmöglichkeiten aufmerksam zu machen.

ISBN 978-3-9814612-5-1

Kreativpinsel

10,- €

9 783981 461251